SAP® für Wirtschaftsprüfer und Prüfungsassistenten

Praxistipps IT

SAP® für Wirtschaftsprüfer und Prüfungsassistenten

Grundlagen für eine effiziente Systemnutzung im Rahmen der Abschlussprüfung

Jonas Tritschler / Ariane von Britton

2., vollständig aktualisierte Auflage

Das Thema Nachhaltigkeit liegt uns am Herzen:

Die IDW Verlag GmbH ist ein Unternehmen des Instituts der Wirtschaftsprüfer in Deutschland e. V. (IDW).

Satz: Reemers Publishing Services GmbH, Krefeld
Druck und Bindung: C.H.Beck, Nördlingen

KN 12067

Der in diesem Werk verwendete Begriff „Wirtschaftsprüfer“ umfasst sowohl Wirtschaftsprüfer und Wirtschaftsprüferinnen als auch Wirtschaftsprüfungsgesellschaften. Er umfasst bei Prüfungen, die von genossenschaftlichen Prüfungsverbänden oder von Prüfungsstellen der Sparkassen- und Giroverbände sowie von vereidigten Buchprüfern, vereidigten Buchprüferinnen und Buchprüfungsgesellschaften durchgeführt werden dürfen, auch diese.

ISBN 978-3-8021-2768-7

Bibliografische Information der Deutschen Bibliothek

Die Deutsche Bibliothek verzeichnet diese Publikation in der Deutschen Nationalbibliografie; detaillierte bibliografische Daten sind im Internet über http://www.d-nb.de abrufbar.

Coverfoto: www.istock.com/spainter_vfx

www.idw-verlag.de

Inhaltsverzeichnis

1 Einführung in SAP® ERP und S/4HANA[1]

1.1 Historie von SAP ERP und S/4HANA

Der Einsatz von SAP-Systemen hat eine bewegte Historie. Ende der 1970er-Jahre wurde SAP noch in der Version R/2 auf Großrechner-Basis betrieben, um Mitte der 1990er-Jahre durch die Client-Server-Version **SAP R/3** abgelöst und später unter den Namen SAP R/3 Enterprise und mySAP ERP geführt zu werden.

Seit 2006 wird **SAP ERP** nicht mehr weiterentwickelt, sondern ausschließlich durch EHPs (Enhancement Packages = Erweiterungspakete) funktional erweitert. In vielen Unternehmen ist die Version SAP ERP ECC 6.0 EHP 8 im Einsatz. Seit 2009 kann SAP ERP beispielsweise durch ein CRM-System (Client Relationship Management), eine SCM-Komponente (Lieferkettenmanagement) eine SRM-Komponente (Beschaffungs- und Lieferantenmanagement) und weitere Komponenten ergänzt werden.

Dieses Kapitel stellt in einem kurzen Abriss die verschiedenen auf dem Markt eingesetzten System-Varianten vor und erläutert wesentliche Grundlagen, die zur Bedienung sowie zum Verständnis des Systems und der darin abgebildeten Stamm-, Bewegungs- und Steuerungsdaten (Customizing) erforderlich sind.

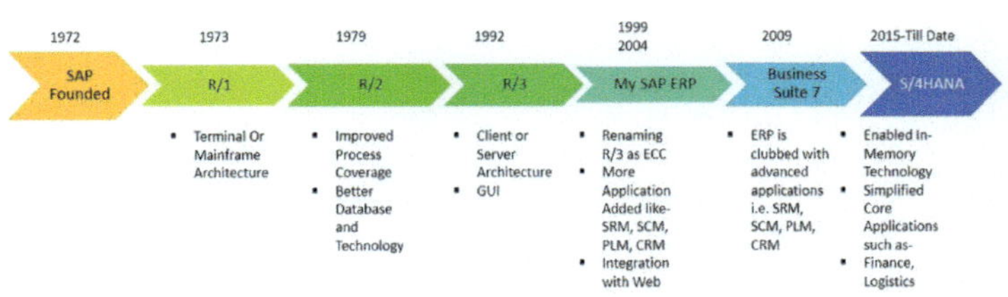

Abb. 1.1 Entwicklung der SAP-Architektur[2]

---

1 SAP und andere in diesem Werk erwähnte Produkte und Dienstleistungen von SAP sowie die dazugehörigen Logos sind Marken oder eingetragene Marken der SAP SE. Sämtliche abgedruckten Screenshots aus einem SAP-System unterliegen dem Urheberrecht der SAP SE.

2 Quelle: www.skillstek.com, Suchbegriff: What is SAP? – History & Introduction (das letzte Abrufdatum für diese wie für alle anderen in diesem Band zitierten Websites ist der 14.03.2023).

Seit 2010 findet eine deutliche Bewegung im SAP-Umfeld statt. Mit **SAP HANA** entwickelte SAP eine eigene Datenbank-Variante, die anstelle der bisherigen Datenbanktechnologien eingesetzt werden kann. Durch die Lagerung sämtlicher Daten im Hauptspeicher können die bislang notwendigen Indizes und Zwischentabellen entfallen und das System läuft erheblich schneller. Vielfach haben daher Unternehmen schon auf die neue Datenbanktechnologie umgestellt, ohne jedoch die Anwendung SAP ERP selbst abzulösen.

Mit **SAP S/4HANA** ist seit 2015 ein gänzlich neues Produkt auf dem Markt. Es beruht grundsätzlich auf dem Datenmodell von SAP ERP, allerdings wurde dieses radikal vereinfacht und diverse Tabellen wurden in anderen Tabellen zusammengefasst. Die Bedienung erfolgt im Wesentlichen weiterhin über die bekannte GUI-Oberfläche (Graphical User Interface), verschiedene Funktionen werden künftig jedoch sukzessive nur noch über die sogenannten webbasierten **Fiori-Apps** aufrufbar sein.

S/4HANA kann „on Premise" (d.h. auf eigenen Servern) oder in der Cloud (d.h. bei der SAP SE) betrieben werden. Bei einem Betrieb in der Cloud kommen ausschließlich Fiori-Apps zum Einsatz.

Mit **SAP Fiori** sollen sich verändernde Nutzergewohnheiten und Geräte, mit denen auf SAP-Services zugegriffen wird, berücksichtigt werden. Zudem lässt sich Fiori sowohl auf Desktop-Rechnern als auch auf mobilen Endgeräten wie Tablets und Smartphones nutzen. Funktionen werden im App-Format dargestellt und die Darstellung kann auf die Bedürfnisse der Benutzer angepasst werden.

Innerhalb dieses Buchs werden wir aufgrund des weiterhin überwiegenden Einsatzes von SAP ERP oder S/4HANA „on Premise" mit einer SAP-GUI-Oberfläche nicht weiter auf die Anwendung von Fiori-Apps eingehen.

Abschlussprüfer werden bei ihren Mandanten häufig noch ein SAP-ERP-System in Kombination mit einer HANA-Datenbank vorfinden. SAP ERP ist modular aufgebaut und die einzelnen Module sind zwar funktionell, aber nicht architektonisch voneinander getrennt.

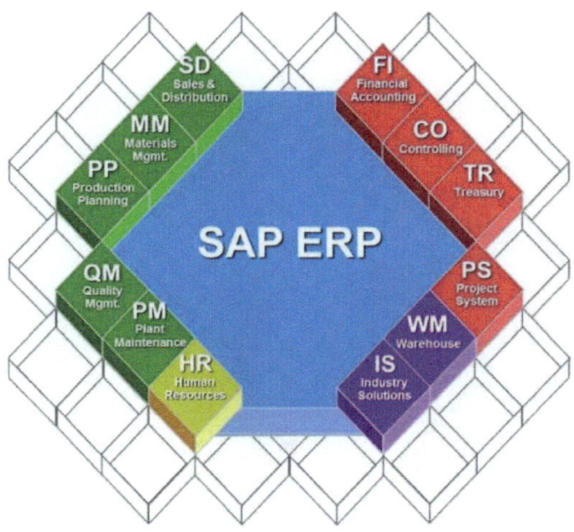

Abb. 1.2 SAP-Module[3]

Bei den eingesetzten Modulen handelt es sich im Wesentlichen um FI (Finanzen), CO (Controlling), MM (Materialwirtschaft), SD (Vertrieb), PP (Produktionsplanung) und HCM (Personalmanagement). Sie bilden weiterhin den Kern des Systems.

Zusätzlich finden sich verschiedentlich branchenspezifische Module wie z.B. IS-U (für Versorgungsunternehmen), IS-H (Krankenhaus-Management), IS-T (Telekommunikation), IS-M (Media) und andere mehr.

1.2 Bedienung des Systems

Die Navigation innerhalb des SAP-Systems erfolgt über das **SAP GUI**, das mehrere Möglichkeiten zum Aufruf von Funktionen bietet. Für die Abbildungen in unserem Buch verwenden wir die Version 7.60.

Zum einen kann die Navigation über den SAP-Menübaum erfolgen. Hierbei wird zwischen dem **Benutzermenü** und dem **SAP-Standardmenü** unterschieden. Im **Benutzermenü** werden dem Benutzer nur diejenigen SAP-Funktionen eingeblendet, die er aufgrund der ihm zugeordneten Zugriffsberechtigungen auch ausführen darf. Bei der Ansicht

3 Quelle: www.mindsquare.de, Menüpunkt: IT-Knowhow – Knowhow, Suchbegriff: SAP ECC.

über das **SAP-Standardmenü** werden alle Funktionen eingeblendet, unabhängig davon, ob der Anwender hierfür Zugriffsrechte hat oder nicht.

Die Auswahl des SAP-Standardmenüs oder Benutzermenüs erfolgt über die Symbole neben dem Eingabefeld für die Transaktionen.

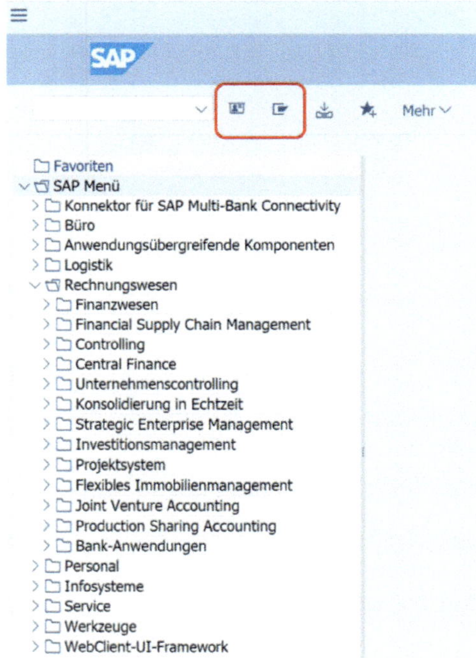

Abb. 1.3 Navigation in S/4HANA (© 2023, SAP SE)

Alternativ zur Navigation über das Menü können benötigte Funktionen auch direkt aufgerufen werden. Jede Funktion ist mit einer sogenannten **Transaktion** verbunden, die ihrerseits durch Eingabe eines (in der Regel) vierstelligen Kürzels in dem kleinen Eingabefeld oben links am Bildschirmrand aufgerufen werden kann. Hierdurch gelangt der Anwender direkt zur gewünschten Funktion (z.B. Buchen, Stammdaten pflegen etc.).

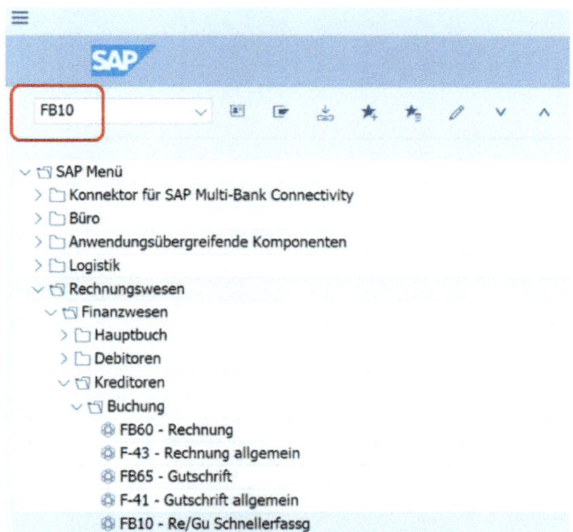

Abb. 1.4 Aufruf der Transaktion über das Transaktionseingabefeld (© 2023, SAP SE)

Routinierte Anwender arbeiten häufig direkt über die Eingabe von Transaktionskürzeln, da der Aufruf über den Menübaum sehr umständlich ist.

Praxistipp:
Will man herausfinden, welche Transaktionsbezeichnung zu welcher Funktion gehört, kann man sich das im Navigationsmenü über die Menüleiste und den Pfad Mehr → Einstellungen → Technische Namen anzeigen/einblenden lassen.

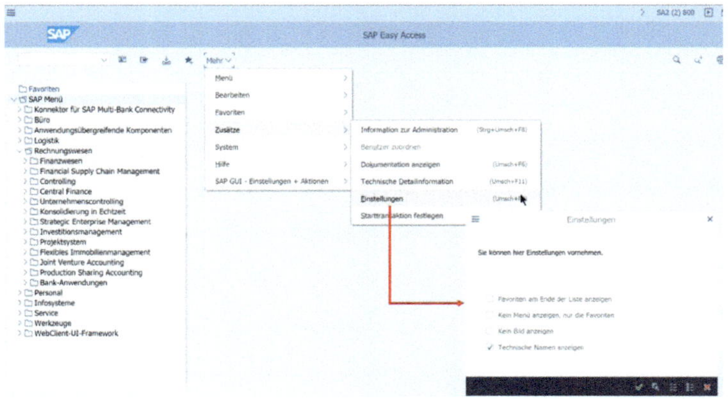

Abb. 1.5 Aktivierung der Transaktionsnamen im Menü (© 2023, SAP SE)

Eine Übersicht über alle im System vorhandenen Transaktionen findet sich in der Tabelle **TSTC** (hierin sind über 120.000 Transaktionen enthalten).

Für wesentliche Standardfunktionen lässt sich die Namensgebung der Transaktionskürzel generisch herleiten, da sie in der Regel einem einheitlichen Schema folgt. Hierbei gibt der erste Buchstabe oft das Modul an, in welchem sich die Funktion findet, der zweite Buchstabe das Objekt, um welches es sich handelt. Die darauffolgenden Zahlen 01, 02, 03 etc. bestimmen die erlaubte Aktivität. So stehen z.B. die Werte 01 für Anlegen, 02 für Ändern und 03 für Ansehen.

Nach dieser Systematik bedeutet z.B. die Transaktion FB03 „Finanzwesen, Belege ansehen“ oder die Transaktion FK01 „Finanzwesen, Kreditoren anlegen“.

Systemtransaktionen starten häufig mit einem S, Transaktionen der Materialwirtschaft mit einem M und Transaktionen der Personalverwaltung mit einem P.

Infolge der ständigen Erweiterung des SAP-Systems weichen viele Transaktionsbezeichnungen mittlerweile von dieser Systematik ab und es finden sich häufig auch längere, kryptischere Bezeichnungen, aus denen nicht mehr erkennbar ist, auf welches Modul sich die Transaktion bezieht.

Für selbst entwickelte Transaktionen der Mandanten hat SAP den sogenannten „Kundennamensraum“ festgelegt, in welchem die Transaktionen mit Y oder Z beginnen. Sie folgen in der Regel internen Namenskonventionen und sind meistens länger als vier Zeichen.

1.3 Organisationsstrukturen

Zur Abbildung der Organisationstrukturen eines Unternehmens werden innerhalb des SAP-Systems diverse Strukturierungselemente eingesetzt.

Der **Mandant** stellt in SAP den gesamten Unternehmensverbund bzw. den Konzern dar. In einem Produktivsystem finden sich – neben dem eigentlichen Mandanten, der die Unternehmensstruktur abbildet – in der Regel standardmäßig weitere Mandanten. Bei dem Mandanten 000 handelt es sich um den sogenannten „Auslieferungsmandanten“ von SAP. Dieser ist erforderlich und sollte nicht verändert werden.

Der Mandant 001 ist eine Kopie des Mandanten 000 und wird häufig während der Installation angelegt. Wenn er nicht zum Produktivmandanten gemacht wurde, ist er nicht erforderlich und könnte aus dem System entfernt werden. Ebenso der Mandant 066, auch Early Watch genannt, der früher dem SAP-Support zu Wartungszwecken diente. SAP empfiehlt im OSS-Hinweis Nr. 1749142 die Löschung nicht genutzter Mandanten, um den Wartungsaufwand zu reduzieren und die Sicherheit des Systems zu erhöhen.

Diverse Systemeinstellungen (z.B. die Schutzparameter für das System) sowie Programme, Tabellen und Transaktionen gelten in der Regel mandantenübergreifend, d.h., sie sind für alle Mandanten gleichermaßen gültig.

Viele zentrale Steuerungstabellen (z.B. organisatorische Festlegungen, Konten etc.) sind hingegen mandantenbezogen. Die Berechtigungsvergabe erfolgt ebenfalls auf Mandantenebene, d.h., die angelegten Benutzer und Berechtigungen gelten immer nur für den jeweiligen Mandanten.

Das Strukturierungselement **Buchungskreis** repräsentiert eine rechtlich und organisatorisch selbstständige Buchhaltung mit eigener Bilanz und GuV. Die Konsolidierung mehrerer Buchungskreise eines Mandanten (z.B. Konzernbuchhaltung) hinsichtlich der Ergebnisrechnung ist möglich.

In einem Buchungskreis können weitere Organisationselemente wie z.B. Geschäftsbereiche, Werke, Lager, Einkaufsorganisationen, Verkaufsorganisationen usw. eingesetzt werden. Hierbei definiert beispielsweise ein **Werk** eine Betriebsstätte innerhalb eines Buchungskreises (eine Produktionsstätte, Außenstelle, Niederlassung, Filiale o.Ä.).

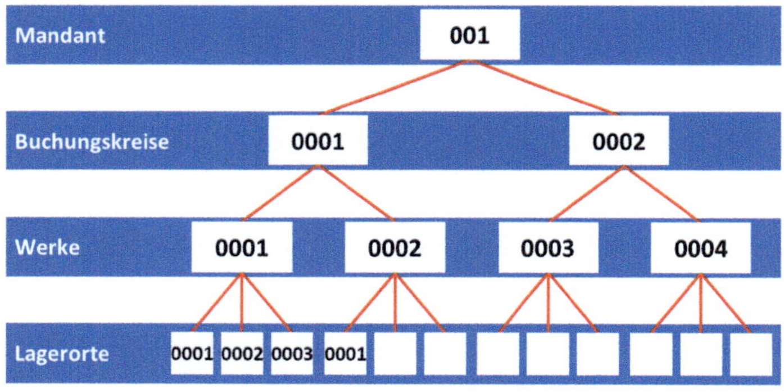

Abb. 1.6 Unternehmensstruktur in SAP ERP (Quelle: SAP)

Über die genannten Organisationselemente hinaus werden zusätzliche Strukturierungselemente eingesetzt. So verwendet z.B. jeder Buchungskreis im SAP-System genau einen **Kontenplan**, der die Konten des Hauptbuchs definiert. Innerhalb eines Kontenplans sind die Kontonummern der Hauptbuchkonten eindeutig.

Über **Kontengruppen** hingegen werden innerhalb der Personen- und Sachkonten Konten gleicher Klassifikation zusammengefasst. Kontengruppen steuern dann beispielsweise die Art der Nummernvergabe (intern oder extern), ob es sich um Kann- oder Mussfelder handelt oder welche Felder zur Eingabe auf dem Bildschirm erscheinen.

Beispiel
In den Stammdaten einer Kontengruppe für ausländische Debitoren wird die Umsatzsteuer-ID als Mussfeld definiert, bei inländischen Debitoren-Stammsätzen hingegen wird sie ausgeblendet.

Bei Stammdatensätzen aus Kontengruppen für CpD-Konten (Conto pro Diverse) werden keine Felder für die Eingabe der Adressdaten angezeigt, da diese Konten keinem konkreten Kreditor oder Debitor zugeordnet sind (siehe auch Kapitel 3.1.4).

Die verwendeten Kontengruppen sind in den folgenden SAP-Tabellen hinterlegt:

- T077D – Kontengruppen Debitoren
- T077K – Kontengruppen Kreditoren
- T077S – Kontengruppen Sachkonten

Ein weiteres wesentliches Ordnungsmerkmal ist der Einsatz von **Nummernkreisen**. Sie steuern die Nummernvergabe für alle im SAP-System abgelegten betriebswirtschaftlichen Objekte (wie z.B. Debitoren, Kreditoren, Belege, PSP-Elemente etc.). Für jeden Nummernkreis sind fest definierte, eindeutige Nummernintervalle für Stamm- und Belegdaten hinterlegt. Sie können numerisch oder alphanumerisch sein (z.B. Kreditorennummern, Belegnummern, Bestellnummern etc.).

Hinweis:
Die Steuerung der Nummernvergabe erfolgt bei den Stammdaten über die Kontengruppe und bei den Bewegungsdaten über die Belegart (siehe auch Kapitel 1.6).

Für Nummernkreise kann festgelegt werden, ob sie automatisch vom System oder extern, d.h. über Vorsysteme, vergeben oder aber manuell durch den Benutzer angelegt werden.

Es gibt Nummerierungen, die buchungskreisübergreifend erfolgen, andere hingegen sind gesondert je Buchungskreis definiert. Ob die Belegnummerierung fortlaufend über die Jahre hinweg erfolgt oder jährlich neu beginnt, kann bei der Systemeinführung im Customizing festgelegt werden.

Praxistipp:
Die Grundsätze ordnungsmäßiger Buchführung (GoB) fordern eine vollzählige und lückenlose Aufzeichnung von Geschäftsvorfällen, was zuverlässig durch eine durchgängige Belegnummernvergabe nachgewiesen wird. Daher werden in SAP vor allem Belegnummern, z.B. für Buchungen von Eingangsrechnungen oder von Zahlungen, automatisiert durch das System vergeben.

Mit dem in SAP vordefinierten Programm **RFBNUM00N** können Lücken in Belegnummern festgestellt werden. Hierbei ist es notwendig, die zu prüfenden Belege über das Geschäftsjahr und die verwendeten Nummernkreise einzugrenzen. Die Ermittlung der verwendeten Nummernkreise ist nicht trivial und kann über die Tabelle NRIV erfolgen (Eingrenzung über Objekte RF_BELEG und RE_BELEG sowie den Buchungskreis und das Geschäftsjahr).

Belegnummernlücken können vielfältig begründet sein. Häufig handelt es sich um Belege aus Vorsystemen oder anderen SAP-Modulen, die nicht an die Finanzbuchhaltung übergeben werden (beispielsweise Fakturen mit einem Betrag von 0).

Gelegentlich können Belegnummernlücken auch durch Verbuchungsabbrüche entstehen. Hierbei wurde ein Beleg erzeugt und eine neue Belegnummer vergeben, aber aufgrund eines technischen Fehlers oder Systemausfalls wird die Verbuchung abgebrochen und der Beleg kommt nicht auf dem Konto (bzw. in der zugehörigen Tabelle) an.

Prüfen kann man Verbuchungsabbrüche in FI-Belegen mit dem Programm **RFVBER00**.

1.4 Tabellen

Innerhalb des SAP-Systems liegen alle Informationen zu Organisationsstrukturen, Konten, Systemparametern, Berechtigungsdaten, Belegen und vielem mehr strukturiert in Form von Tabellen in einem Datenbanksystem vor. Hierbei sind häufig sachlich zusammenhängende Daten auf viele Einzeltabellen verteilt und die Verbindung der Tabellen erfolgt über Schlüssel.

In der Regel ist es für Prüfer im Rahmen ihrer Prüfungen nicht erforderlich, direkt auf Tabellendaten zuzugreifen, da SAP eine Vielzahl von bereits vorbereiteten Auswertungen zur Verfügung stellt. Hin und wieder ergibt sich dennoch die Notwendigkeit, Daten direkt aus Tabellen zu extrahieren oder zu Informationszwecken Tabellen einzusehen. Vor allem, wenn Daten außerhalb des SAP-Systems weiterverarbeitet werden sollen, stellen – je nach Fragestellung – die Rohdaten eine verlässlichere Basis für die Auswertungen dar als über SAP-Programme vorselektierte Daten.

Das SAP-System bietet mehrere Transaktionen zum Aufruf von Tabellen an: SE16, SE16N, SM30, SM31 und weitere. Nach Aufruf einer Transaktion wird der entsprechende Tabellenname eingegeben.

In SAP ERP folgt die Benennung der Tabellen, zumindest in den Kernkomponenten, überschaubaren Grundregeln. So geben die ersten beiden Buchstaben des Tabellennamens den Bereich an, für den die Tabelle gilt:

- LF – Lieferantendaten
- KN – Kundendaten
- SK – Sachkonteninformationen
- AN – Anlagendaten
- T0 – Systemsteuerungsinformationen
- US – Benutzerdaten

Beispiel
Informationen zu Kreditorenstammdaten findet man u.a. in den folgenden Tabellen:

- Adressdaten → Tabelle LFA1
- Buchungskreisspezifische Daten → Tabelle LFB1
- Bankverbindungen → Tabelle LFBK
- Monatsumsätze → Tabelle LFC1

Im aufgeführten Beispiel findet sich in der Adresstabelle pro Kreditorennummer nur ein Datensatz. In der Tabelle mit den buchungskreisspezifischen Daten können sich pro Kreditorennummer mehrere Datensätze befinden, da ein Kreditor in mehreren Buchungskreisen mit unterschiedlichen Daten angelegt werden kann. Ebenso können sich in der Tabelle mit den Bankverbindungen mehrere Datensätze mit der gleichen Kreditorennummer befinden, da ein Kreditor mehrere Bankverbindungen haben kann.

Zusätzliche Festlegungen sind u.a. in den folgenden Tabellen abgelegt:

- Zahlwege → Tabelle T042Z
- Zahlungsziele → Tabelle T052
- Hauptbuchkonten → Tabelle SKAT

i

Hinweis:
In S/4HANA hat sich die Tabellenstruktur deutlich verändert. Vielfach wurden Informationen aus verschiedenen kleineren Tabellen zusammengefasst und es gibt neue Tabellen.

Eine wesentliche Änderung gibt es bei den Strukturen für Debitoren- und Kreditorenstammdaten und sie wachsen durch die Einführung der sogenannten Business Partner zusammen. Zwar bleiben die Tabellen zu Kreditoren und Debitoren aus SAP ERP in S/4HANA erhalten, aber zentrale Daten (*Name, Adresse, Bankverbindung, Beziehungen*) werden künftig zentral in den Stammdaten des Business-Partners gepflegt und von dort aus an die Kreditoren- und Debitorenstammdatensätze übertragen. D.h., auch die Transaktionen für die Erfassung von Debitoren- und Kreditorendaten (FD01, VD01, XD01 und FK01, MK01, XK01) entfallen hierdurch.

1.5 Reports

Grundsätzlich werden alle ABAP/4-Programme eines SAP-Systems als **Report** bezeichnet. Sie können ausführende und ändernde Funktionen beinhalten oder einfach nur reine Listen generieren.

Für Prüfer haben diese Standardlisten den Vorteil, dass sie die Daten aus verschiedenen Tabellen abrufen und zu bereits vorstrukturierten Übersichten zusammenfassen. Vor allem in komplexen Prüffeldern, zum Bespiel bei Bewegungsdaten, Kontenspiegeln oder Salden, muss sich der Prüfer nicht mehr um technische Details hinsichtlich der Datenstrukturen und um die richtige Verbindung der Daten kümmern.

Der Aufruf von Reports ist über verschiedene Wege möglich:

- Der SAP-Menübaum bietet an verschiedenen Stellen, entweder über den Menüpunkt „Infosysteme" oder unter den Fachmenüs, den Aufruf der Reports an. Die Funktion der verschiedenen Reports wird in der Dokumentation beschrieben, die über die rechte Maustaste ausgewählt werden kann.

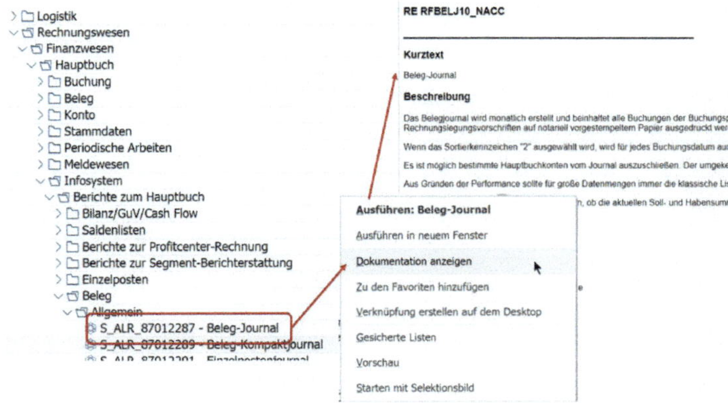

Abb. 1.7 Aufruf von Reports über das Infomenü und Anzeige der Dokumentation (© 2023, SAP SE)

- Reports können auch aus jedem Arbeitsgebiet heraus über die Menüleiste unter Mehr → System → Dienste → Reporting aufgerufen werden. Im Eingabefeld ist dann die Eingabe des Reportnamens erforderlich.
- Das Reporting kann alternativ auch über den Aufruf der Transaktion **SA38** und Eingabe des Reportnamens aufgerufen werden.

Praxistipp:
Anders als bei Transaktionen können die Namen von Reports nicht im Navigationsmenü eingeblendet werden. Das Auffinden von Reportnamen ist jedoch über die Transaktion SA38 und den Aufruf des Menüpunkts Mehr → Hilfsmittel → Suchen → Programm möglich. Auch hier gelten – zumindest bei den Standardreports – rudimentäre Namenskonventionen:

- Erster Buchstabe
  Bei SAP-Standardreports steht hier ein „R", kundeneigene Programme starten in der Regel mit einem „Z" oder einem „Y".
- Zweiter Buchstabe
  Hierbei handelt es sich in der Regel um den Buchstaben des zugehörigen Moduls:
- F für Finanzbuchhaltung
- A für Anlagenreports
- M für Material
- P für Personal
- V für Vertrieb
- S für Systemprogramme
- Dritter Buchstabe
  Der dritte Buchstabe kennzeichnet häufig den Unterbereich, um den es sich innerhalb des Moduls handelt, wie z.B.:
- RF**B** Belegauswertungen
- RF**K** Kreditorenauswertung
- RF**D** Debitorenauswertung
- RF**S** Sachkontenauswertung
- RS**U** Benutzerauswertungen (User)

Die sogenannte generische Suche von Standardreports über die ersten drei Buchstaben funktioniert hinreichend zuverlässig. Der Rest des Reportnamens muss hierbei durch das Sternchen („*") als Ersatzzeichen ergänzt werden.

In der Regel ergibt diese Form der Suche eine gute Übersicht über verfügbare Reports zu den gesuchten Themenbereichen.

i

Hinweis:
Häufig tun sich Unternehmen schwer damit, Prüfern die Berechtigung für die aufgeführte Transaktion SA38 zu vergeben, da hierüber alle Programme, die nicht gesondert über ein Berechtigungsobjekt oder eine Berechtigungsgruppe abgesichert sind (und das sind in der Regel viele) ausgeführt werden können. Es wäre damit möglich, auch Programme auszuführen, die Daten ändern können. Eine Einschränkung der Transaktion SA38 auf eine nur zum Lesen berechtigende Funktion ist nicht möglich.

1.6 Einführung in das Belegprinzip

In SAP ERP werden alle Bewegungsdaten in Form von Belegen, bestehend aus Belegkopf und Belegsegment, abgebildet. Hierbei enthält der Belegkopf die für den Gesamtbeleg gültigen Daten (u.a. Buchungsdatum, Belegdatum, Währung, Erfasser). Die Belegsegmente bilden die einzelnen Buchungszeilen ab (auch Belegpositionen genannt), mit Informationen zum bebuchten Konto, dem Betrag, dem Buchungstext usw. In SAP kann ein Beleg bis zu knapp Tausend Positionen enthalten.

Hinweis:
Belegköpfe und Belegsegmente werden in SAP in unterschiedlichen Tabellen geführt, sind aber über einen eindeutigen Schlüssel, die Belegnummer, miteinander verbunden. Die folgenden Tabellen (jeweils Belegkopf und -segment) werden u.a. für die Beleghaltung verwendet:

- Finanzbuchhaltungsbelege: Tabellen BKPF und BSEG/ACDOCA
- Fakturabelege: Tabellen VBRK und VBRP
- Lieferscheine: Tabellen LIKP und LIPS
- Einkaufsbelege: Tabellen EKKO und EKPO
- Materialbelege: Tabellen MKPF und MSEG

Mit der Umstellung auf S/4HANA fanden auch im Bereich der Bewegungsdaten, Indextabellen und Summentabellen erhebliche Änderungen statt; einige Tabellen entfallen künftig oder werden umstrukturiert. Die nachstehende Skizze zeigt wesentliche Änderungen, es ist aber auch erkennbar, dass sich an den oben erwähnten

Tabellen nur wenig ändert. Lediglich die Belegdaten im Finanzbuchhaltungsbereich werden umstrukturiert und in der gemeinsamen Tabelle **ACDOCA** gespeichert.

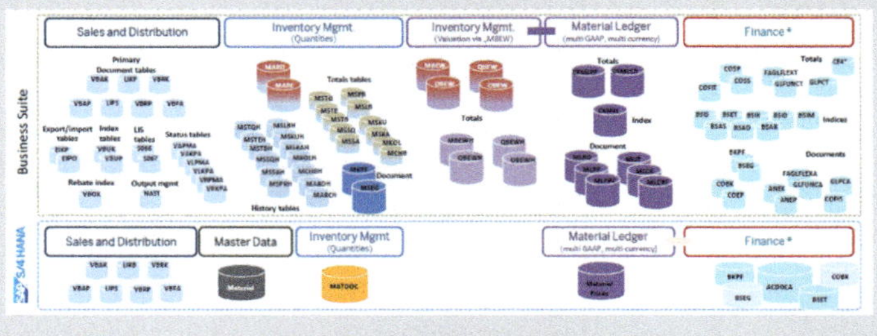

Abb. 1.8 Ablösung von Tabellen in SAP ERP durch S/4HANA[4]

Das Buchungsprinzip in einem SAP-System wird in Kapitel 2 näher erläutert. Grundsätzlich werden Buchungen auf den Nebenbüchern automatisch durch das zugeordnete **Abstimmkonto** im Hauptbuch weitergeführt. Hieraus ergeben sich auf einen Beleg immer zwei Sichten – die Sicht aus dem Nebenbuch und die Sicht aus dem Hauptbuch heraus. Faktisch handelt es sich jedoch um den gleichen Beleg.

In den beiden folgenden Abbildungen lässt sich erkennen, dass sich die erste Belegposition in beiden Belegansichten unterscheidet. Aus Sicht der Kreditorenbuchhaltung zeigt sie das herangezogene Kreditorenkonto, aus Sicht des Hauptbuchs wird das bebuchte Sachkonto (und im Kreditorenstamm hinterlegte Abstimmkonto) ausgewiesen.

[4] Quelle: www.sachinhpatil.com/sap-s4-hana/s4hana-1610-finance-product-introduction.

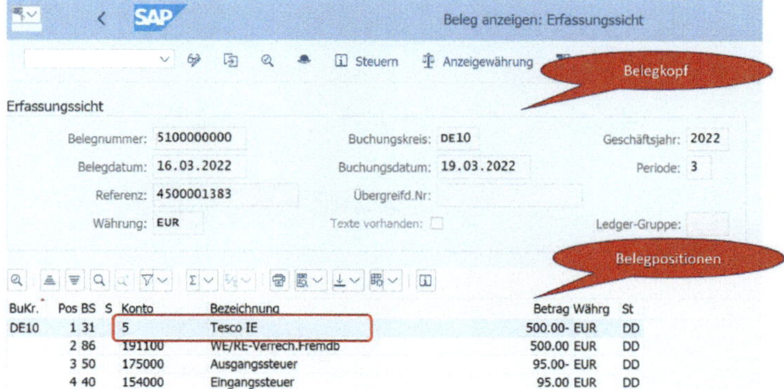

Abb. 1.9 Sicht auf einen kreditorischen Beleg über das Nebenbuch Kreditoren (© 2023, SAP SE)

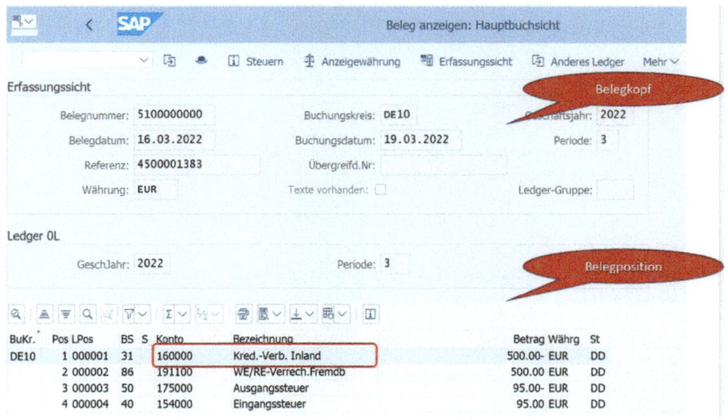

Abb. 1.10 Sicht auf einen kreditorischen Beleg über das Hauptbuch (© 2023, SAP SE)

Die Verbuchung der Belege wird über die beiden wesentlichen Belegelemente **Belegart** und **Buchungsschlüssel** gesteuert. Sie finden sich in allen Belegen und eine Buchung ohne diese beiden Elemente ist nicht möglich.

Die **Belegart** legt u.a. den zu buchenden Geschäftsvorfall fest und steuert hierüber die zu bebuchenden Kontenarten (z.B. Kreditoren-, Debitoren- oder Sachkonten). Jeder Belegart ist innerhalb des Systems ein Nummernkreis zugeordnet, aus dem das System bei einem neuen Beleg die nächste Belegnummer wählt.

Die Belegarten werden innerhalb des SAP-Systems in der Tabelle **T003** geführt. Ein Großteil der Belegarten ist bereits mit Standardeinstellungen vorbelegt und kann durch unternehmensspezifische Belegarten (z.B. bei Belegübernahmen aus Vorsystemen) ergänzt werden.

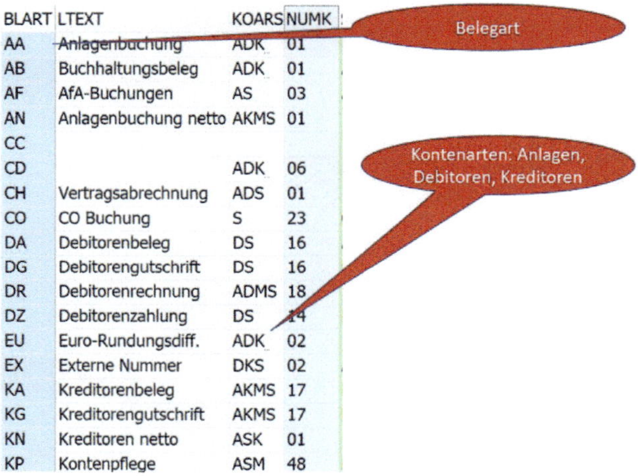

BLART	LTEXT	KOARS	NUMK
AA	Anlagenbuchung	ADK	01
AB	Buchhaltungsbeleg	ADK	01
AF	AfA-Buchungen	AS	03
AN	Anlagenbuchung netto	AKMS	01
CC			
CD		ADK	06
CH	Vertragsabrechnung	ADS	01
CO	CO Buchung	S	23
DA	Debitorenbeleg	DS	16
DG	Debitorengutschrift	DS	16
DR	Debitorenrechnung	ADMS	18
DZ	Debitorenzahlung	DS	14
EU	Euro-Rundungsdiff.	ADK	02
EX	Externe Nummer	DKS	02
KA	Kreditorenbeleg	AKMS	17
KG	Kreditorengutschrift	AKMS	17
KN	Kreditoren netto	ASK	01
KP	Kontenpflege	ASM	48

Abb. 1.11 Auszug aus Tabelle T003 mit den Belegarten (© 2023, SAP SE)

Der **Buchungsschlüssel** steuert zusammen mit der Kontonummer für jede Buchungsposition, wie sie gebucht wird. Er legt fest, welche Kontoart erlaubt ist, ob es sich um eine Soll- oder Habenbuchung handelt, ob die Buchung umsatzwirksam ist und welche Erfassungsfelder bei der Verbuchung angezeigt werden.

Die Buchungsschlüssel werden in SAP in der Tabelle **TBSL** geführt und sind mandantenübergreifend für das gesamte System gültig.

Die Kombination von Belegart und Buchungsschlüssel entscheidet letztlich über die Bedeutung und Verbuchung innerhalb des Systems. Das Wissen hierüber ist elementar, um beispielsweise Belege in einer Einzelpostenliste oder auf Konten richtig einordnen zu können.

BS	S/H	Koart	Bedeutung Bschl	Umsatzw
24	S	K	Sonstige Forderung	
25	S	K	Zahlungausgang	
26	S	K	Zahlungsdifferenz	
27	S	K	Verrechnung	
28	S	K	Zahlungsverrechnung	
29	S	K	Sond.Hauptb. K/Soll	
31	H	K	Rechnung	X
32	H	K	Storno Gutschrift	X
34	H	K	Sonst.Verbindlichk.	
35	H	K	Zahlungseingang	
36	H	K	Zahlungsdifferenz	
37	H	K	Sonstige Verrechnung	
38	H	K	Zahlungsverrechnung	
39	H	K	Sond.Hauptb. K/Haben	
40	S	S	Soll-Buchung	
50	H	S	Haben-Buchung	
70	S	A	Anlagen-Soll	
75	H	A	Anlagen-Haben	
80	S	S	Bestandsaufnahme	

Abb. 1.12 Auszug aus Tabelle TBSL mit Buchungsschlüsseln (© 2023, SAP SE)

Beispiel

Im folgenden Beispiel sollen mögliche abzubildende Geschäftsvorfälle anhand eines Kreditorenbelegs dargestellt werden.

Belegart	Bedeutung	Bu. Schl.	Bedeutung	Geschäftsvorfall
KR	Kreditorenrechnung	31	Rechnung	Einbuchen einer kreditorischen Rechnung
KR	Kreditorenrechnung	21	Gutschrift	Häufig (falsch) verwendet für Storno einer gebuchten Rechnung
KR	Kreditorenrechnung	22	Storno Rechnung	Storno einer gebuchten Rechnung
KG	Kreditorengutschrift	21	Gutschrift	Häufig (falsch) verwendet für Storno einer gebuchten Rechnung oder zum Einbuchen einer Gutschrift

Tab. 1.1 Mögliche Geschäftsvorfälle im Kreditorenbereich

Anhand dieser Beispiele ist ersichtlich, welche Varianten es u.a. für das Verbuchen einer Eingangsrechnung, einer Eingangsgutschrift sowie des Stornos der Rechnung geben kann. Sie bilden jedoch nur einen Bruchteil der möglichen Buchungen ab, da diverse weitere Belegarten für die Verbuchung kreditorischer Belege vorhanden sind und hierfür eine Vielzahl weiterer Buchungsschlüssel eingesetzt werden kann.

2 Hauptbuch

2.1 Stammdaten

2.1.1 Sachkonto

Unter Sachkonten versteht man alle Konten des Hauptbuchs. Die Sachkontenstammdaten steuern das Buchen von Geschäftsvorfällen auf das Sachkonto und die Verarbeitung der Buchungsdaten. Sie bestehen aus allgemeinen Daten, die einem Kontenplan zugeordnet werden, und Daten, die je nach Buchungskreis unterschiedlich ausgeprägt sein können.

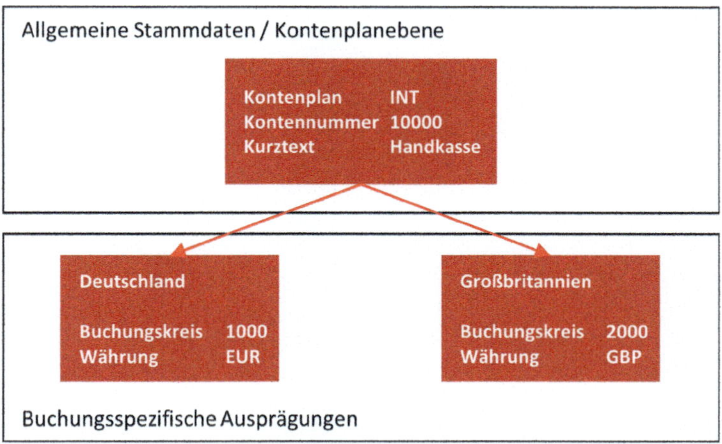

Abb. 2.1 Aufbau der Sachkontenstammdaten

Die allgemeinen Daten bestimmen im Wesentlichen die Kontonummer, den Namen des Sachkontos (auch in mehreren Sprachen) und ob es sich um ein Bestands- oder Erfolgskonto handelt.

Zu den Kontenplandaten eines Sachkontenstamms gelangt man wie folgt:

- SAP-Menü → Rechnungswesen → Finanzwesen → Hauptbuch → Stammdaten → Sachkonto → Einzelbearbeitung → Im Kontenplan oder
- Transaktion **FSP0**

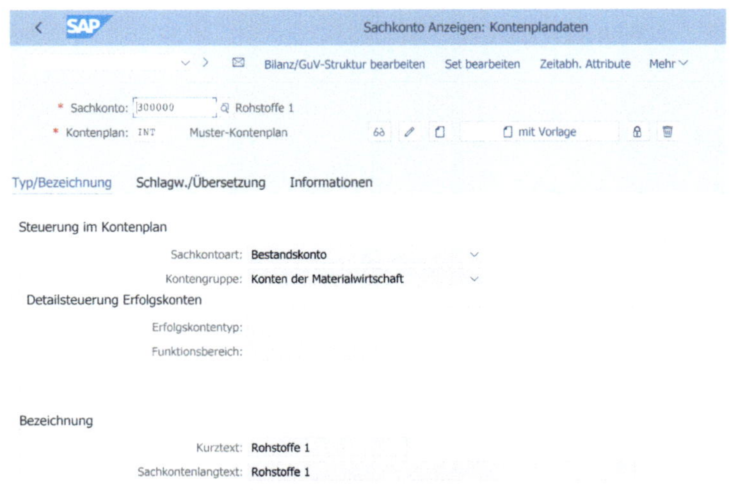

Abb. 2.2 Allgemeine bzw. kontenplanspezifische Daten (© 2023, SAP SE)

Buchungskreisabhängig kann u.a. die Kontensteuerung (OP-Verwaltung, Einzelpostenanzeige), die Abstimmkontenart und die Kontenführung (z.B. in Fremdwährung) je Buchungskreis unterschiedlich gepflegt werden.

Bei den Abstimmkontenarten unterscheidet SAP zwischen Anlagen, Debitoren, Kreditoren und Vertragskontokorrent. Wenn eine Abstimmkontoart gewählt ist (z.B. Debitoren), kann das Konto nur noch durch das ausgewählte Nebenbuch bebucht werden. Eine manuelle Buchung auf dem Konto ist dann ausgeschlossen. Das Konto erhält dadurch das Prädikat „Abstimmkonto".

Zu den Buchungskreisdaten des Sachkontenstamms gelangt man über:

- SAP-Menü → Rechnungswesen → Finanzwesen → Hauptbuch → Stammdaten → Sachkonto → Einzelbearbeitung → Im Buchungskreis
- oder Transaktion **FSS0**

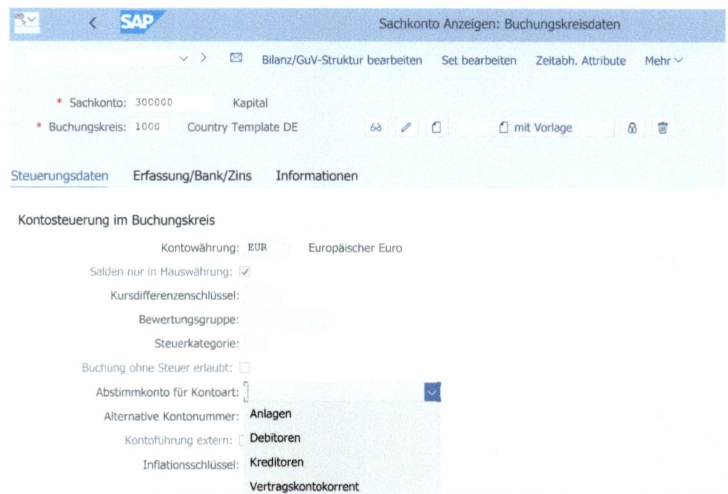

Abb. 2.3 Abstimmkontenarten in den buchungskreisspezifischen Stammdaten (© 2023, SAP SE)

Eine ähnliche Eigenschaft wie ein Abstimmkonto weist ein Mitbuchkonto auf. Mitbuchkonten sind Konten, die nicht über ein Untermodul von SAP FI (Finance: FI-GL, FI-AA, FI-AR, FI-AP), sondern durch ein anderes Modul, z.B. MM oder SD, über eine dedizierte Kontenfindung bebucht werden (zu den Modulen siehe Abb. 1.3 in Kapitel 1.1). Damit Abstimmdifferenzen zwischen den Modulen (z.B. MM und FI) vermieden werden, sind Mitbuchkonten gegen manuelle Buchungen zu sperren. Dies wird in den buchungskreisabhängigen Daten des Sachkontenstamms festgelegt (Abb. 2.4).

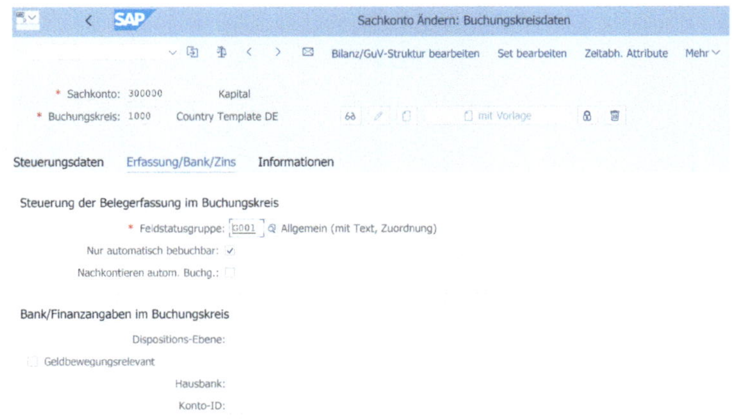

Abb. 2.4 Steuerung der Belegerfassung „nur automatisch bebuchbar" (© 2023, SAP SE)

Die Abstimm- und Mitbuchkonten in Kombination mit der Kontenfindung sind elementare Voraussetzung für die Integration von Hauptbuch, Nebenbüchern und Materialwirtschaft. Damit ist eine „Realtime"-Fortschreibung des Hauptbuchs gegeben, die eine tagesaktuelle Ergebnisrechnung ermöglicht. Dies ist eine der großen Stärken von SAP.

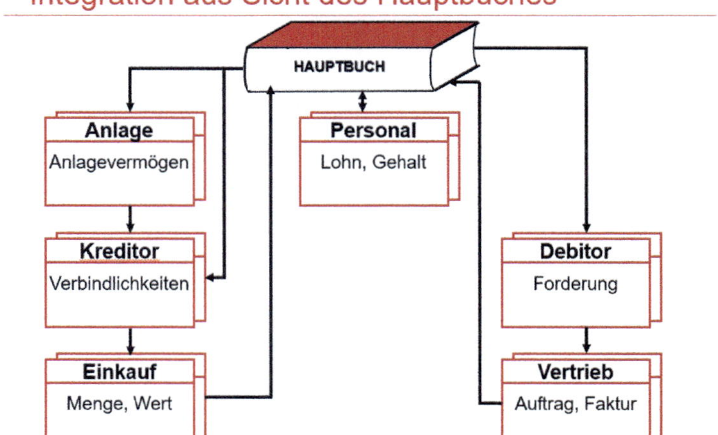

Abb. 2.5 Integration aus Sicht des Hauptbuchs

Hinweis:
Manuelle Buchungen sind Buchungen, bei denen der Erfasser sowohl Konto als auch Gegenkonto wählt und direkt im Hauptbuch ohne Kontext zu einem Vorgängerbeleg bucht. Typischerweise werden mit den Transaktionen FB01 oder FB50 in Kombination mit den Belegarten SA (Sachkontenbeleg) oder SB (Sachkontenbuchung) manuelle Buchungsbelege erzeugt.

Manuelle Buchungen könnten aber auch über selbst entwickelte Z-Transaktionen und abweichende Belegarten ausgelöst werden. Deshalb ist eine Selektion von Belegen über Transaktionscodes und Belegarten nicht ausreichend. Stattdessen ist auf das Feld GLVOR mit der Ausprägung RFBU in der Belegkopftabelle abzustellen.

Um nicht Tausende halbautomatische Zahlungs- und Ausgleichsvorgänge zu selektieren, kann die Transaktion F110 (automatische Zahlungsläufe) negativ abgegrenzt werden. Mit dieser Vorgehensweise können Sie sehr einfach und pragmatisch manuelle Buchungen in SAP selektieren.

Die Sachkontenstammdaten können mittels des Berichts „Sachkontenverzeichnis“ vollständig angezeigt werden. Beim Berichtsaufruf ist sinnvollerweise auf den Kontenplan und den Buchungskreis einzugrenzen.

Zum Sachkontenverzeichnis gelangt man über:

- SAP-Menü → Rechnungswesen → Finanzwesen → Hauptbuch → Infosystem → Berichte zum Hauptbuch → Stammdaten → Sachkontenverzeichnis
- oder Transaktion SA38 und Bericht **RFSKVZ00**
- oder Transaktion **S_ALR_87012328**

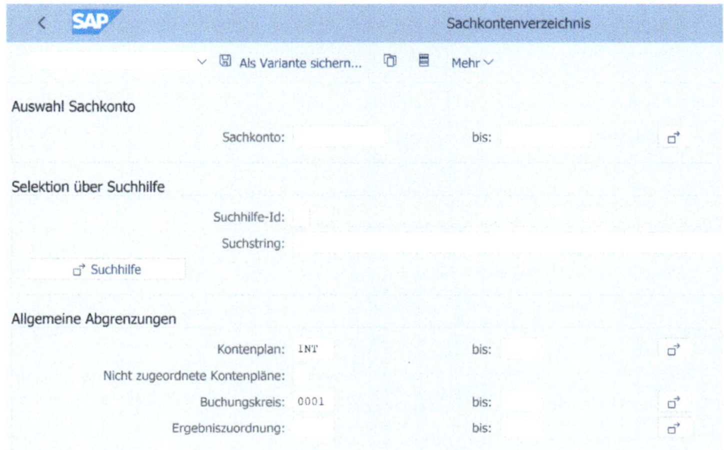

Abb. 2.6 Aufruf des Menüs zur Ausgabe des Sachkontenverzeichnis (© 2023, SAP SE)

Um Sachkontenstammdaten mit Rechnungslegungsbezug prüfen zu können, sind bei Aufruf des Programms in der Ausgabesteuerung folgende Checkboxen auszuwählen (Abb. 2.7):

- Kontensteuerung,
- Kontenverwaltung,
- Steuerung der Belegerfassung und
- Steuerung.

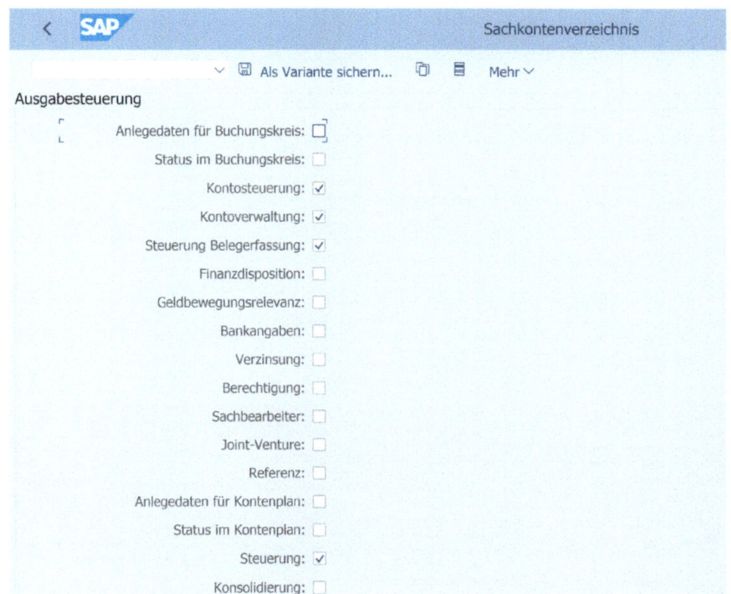

Abb. 2.7 Ausgabesteuerung für das Sachkontenverzeichnis (© 2023, SAP SE)

Die folgende Abbildung zeigt einen Auszug aus dem Sachkontenverzeichnis für das Sachkonto 140000.

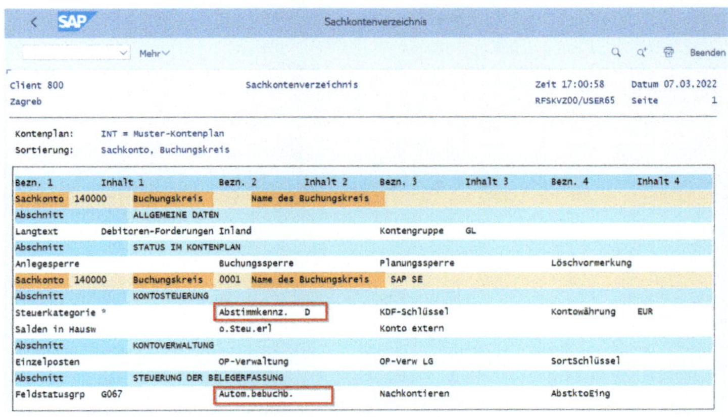

Sachkontenverzeichnis

Mehr   Beenden

Client 800   Sachkontenverzeichnis   Zeit 17:00:58   Datum 07.03.2022
Zagreb   RFSKVZ00/USER65   Seite 1

Kontenplan: INT = Muster-Kontenplan
Sortierung: Sachkonto, Buchungskreis

Bezn. 1	Inhalt 1	Bezn. 2	Inhalt 2	Bezn. 3	Inhalt 3	Bezn. 4	Inhalt 4
Sachkonto	140000 Buchungskreis	Name des Buchungskreis					
Abschnitt	ALLGEMEINE DATEN						
Langtext	Debitoren-Forderungen Inland			Kontengruppe	GL		
Abschnitt	STATUS IM KONTENPLAN						
Anlegesperre		Buchungssperre		Planungssperre		Löschvormerkung	
Sachkonto	140000 Buchungskreis	0001 Name des Buchungskreis		SAP SE			
Abschnitt	KONTOSTEUERUNG						
Steuerkategorie *		Abstimmkennz.	D	KDF-Schlüssel		Kontowährung	EUR
Salden in Hausw		o.Steu.erl		Konto extern			
Abschnitt	KONTOVERWALTUNG						
Einzelposten		OP-Verwaltung		OP-Verw LG		SortSchlüssel	
Abschnitt	STEUERUNG DER BELEGERFASSUNG						
Feldstatusgrp	G067	Autom.bebuchb.		Nachkontieren		AbstktoEing	

Abb. 2.8 Auszug aus dem Sachkontenverzeichnis für das Konto 140000 – Forderungen Inland (© 2023, SAP SE)

Aus dem Sachkontenverzeichnis können in diesem Fall folgende Informationen gewonnen werden:

- Beim Sachkonto 140000 handelt es sich um ein Bestandskonto mit dem Prädikat „Abstimmkonto“ (Abstimmkennzeichen D für Debitoren).
- Es werden weder Einzelposten noch offene Posten verwaltet (dies ist auch nicht nötig, da die Einzelposten in der Nebenbuchhaltung verwaltet werden).
- Auch wenn das „x“ bei „Autom. bebuchbar“ nicht gegeben ist, kann dieses Konto aufgrund seiner Verwendung als Abstimmkonto nicht manuell bebucht werden.

Praxistipp:
Um alle Konten in einem Kontenplan zu einem Buchungskreis herauszufinden, die manuell bebuchbar sind, ist die Auswertung mittels Sachkontenverzeichnis recht unkomfortabel. Der Bericht enthält Zeilenumbrüche und muss vor seiner Verwendung z.B. mit IDEA oder ACL aufbereitet werden. Einfacher kann man über die Tabelle SKB1 zu der gewünschten Information gelangen. Dazu laden Sie die genannte Tabelle mittels der Transaktion SE16 und der Auswahl der Felder BUKRS (Buchungskreis), SAKNR (Sachkonto), MITKZ (Abstimmkonto für Kontoart) und XINTB (nur automatisch bebuchbar) herunter. Ergänzen Sie die Auswertung mithilfe der Sachkontenbezeichnung, die Sie über die Tabelle SKAT dem Feld TXT50 entnehmen. Das Feld Sachkontennummer (technisch: SAKNR) ist das Schlüsselfeld, mit welchem sich beide Tabellen (z.B. mittels SVERWEIS in MS Excel) verknüpfen lassen. Wenn Sie diesen Schritten gefolgt sind, gelangen Sie zu der folgenden Auswertung:

BUKI	SAKNR	TXT50	MITKZ	XINTB	Ergebnis
1000	140000	Debitoren-Forderungen Inland	D		automatisch
1000	140099	Debitoren-Forderungen Inland (Korrekturkonto)			manuell
1000	160000	Kreditoren-Verbindlichkeiten Inland	K		automatisch
1000	160099	Kreditoren-Verbindlichkeit Inland (Korrekturkonto)			manuell
1000	191100	WE/RE-Verrechnung -Fremdbezug-		X	automatisch
1000	300000	Rohstoffe 1		X	automatisch
1000	300010	Rohstoffe 2		X	automatisch
1000	300550	Rohstoffe SCM550		X	automatisch
1000	303000	Hilfs- und Betriebsstoffe		X	automatisch
1000	304000	Ersatzteile		X	automatisch
1000	305000	Verpackungsmaterial		X	automatisch
1000	310000	Handelswaren		X	automatisch
1000	310200	Bestand Leergut		X	automatisch
1000	380000	Umlagerungs-Bestand		X	automatisch
1000	800000	Umsatzerlöse Inland Eigenerzeugnisse			manuell
1000	800001	Umsatzerlöse Inland Dienstleistung			manuell
1000	800002	Umsatzerlöse Inland Handelswaren			manuell
1000	800200	Erlöse (Für Beispiele ohne Weiterleitung an CO-PA)			manuell
1000	800997	Bestandsveränderngen Profit Center		X	automatisch

Abb. 2.9 Automatisch und manuell bebuchbare Konten

Aus der Aufstellung geht hervor, welche Konten nur automatisch und welche Konten manuell bebuchbar sind. Es ist zu erkennen, dass die Sachkonten für Forderungen Inland (140000) und Kreditoren Inland (160000) als Abstimmkonten deklariert und somit gegen manuelle Buchungen gesperrt sind. Die Korrekturkonten hingegen sind für manuelle Buchungen geöffnet. Sämtliche Bestandskonten, die über die Warenwirtschaft (Modul MM) bebucht werden, sind im Stammsatz nur automatisch bebuchbar. Kritisch anzumerken ist, dass im obigen Beispiel das Konto 800000 „Umsatzerlöse Inland Eigenerzeugnisse" manuell bebucht werden kann. Dieses Konto sollte gegen manuelle Eingriffe gesperrt sein.

Stammdaten können sich im Geschäftsjahr geändert haben, sodass der letzte Stand nicht ausreichend ist, um die Geschäftsvorfälle eines Geschäftsjahres vollständig nachvollziehen zu können. SAP protokolliert im Standard alle kaufmännischen Stammdatenänderungen sowie auch Sachkontenstammdaten.

Zur Änderungsanzeige von Sachkontenstammdaten gelangt man über:

- SAP-Menü → Rechnungswesen → Finanzwesen → Hauptbuch → Infosystem → Berichte zum Hauptbuch → Stammdaten → Änderungsanzeige Sachkonten
- oder Transaktion SA38 und Bericht **RFSABL00**
- oder Transaktion **S_ALR_87012308**

2.1.2 Kontenplan und Bilanzstruktur

Ein SAP-Kontenplan besteht aus einer Gruppe von Sachkontenstämmen und wird buchungskreisunabhängig angelegt. Er bildet den Rahmen für eine vollständige und sachgerechte Darstellung von Buchhaltungsdaten einer legalen Einheit. In den Stammdaten des Kontenplans wird die Länge der Sachkontennummern festgelegt. In SAP ERP gab es die Möglichkeit, die Anlage von Kostenarten manuell zu ermöglichen. Dies führte zu Abstimmschwierigkeiten zwischen der Finanzbuchhaltung (FI) und dem Controlling (CO -Kostenrechnung). In SAP S/4HANA gibt es keine zwei getrennten „Datentöpfe" mehr, sodass die Abstimmung/Integration von FI und CO immer gegeben ist.

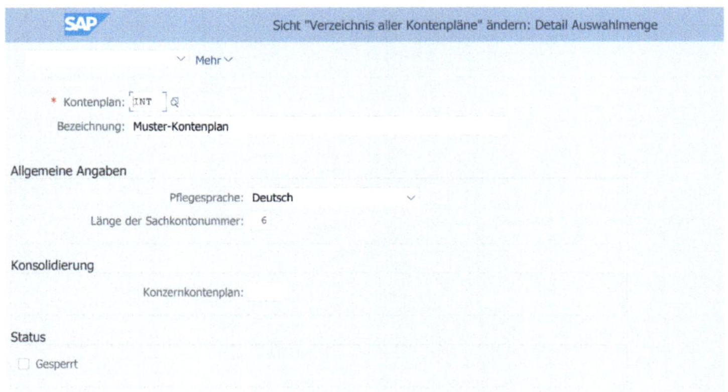

Abb. 2.10 Auszug aus dem Customizing → Kontenplanstammdaten (© 2023, SAP SE) in SAP S/4HANA

Im Stammsatz des Buchungskreises wird wiederum der Kontenplan festgelegt. Damit ist jedem Buchungskreis genau ein Kontenplan zugeordnet. In der folgenden Abbildung ist dem Buchungskreis 0001 SAP SE der Kontenplan INT zugeordnet.

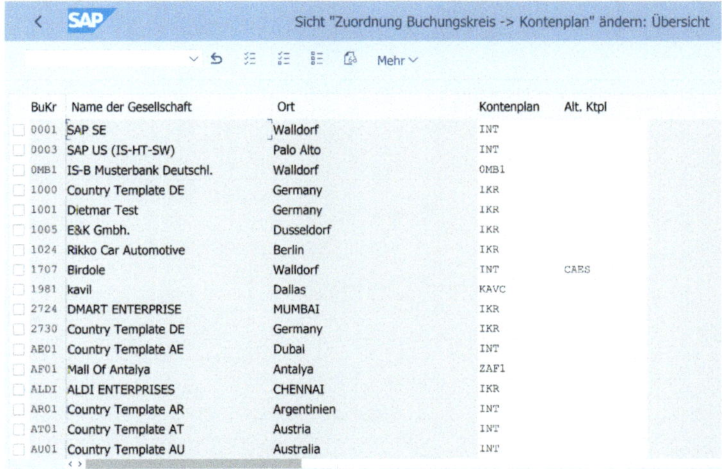

BuKr	Name der Gesellschaft	Ort	Kontenplan	Alt. Ktpl
0001	SAP SE	Walldorf	INT	
0003	SAP US (IS-HT-SW)	Palo Alto	INT	
OMB1	IS-B Musterbank Deutschl.	Walldorf	OMB1	
1000	Country Template DE	Germany	IKR	
1001	Dietmar Test	Germany	IKR	
1005	E&K Gmbh.	Dusseldorf	IKR	
1024	Rikko Car Automotive	Berlin	IKR	
1707	Birdole	Walldorf	INT	CAES
1981	kavil	Dallas	KAVC	
2724	DMART ENTERPRISE	MUMBAI	IKR	
2730	Country Template DE	Germany	IKR	
AE01	Country Template AE	Dubai	INT	
AF01	Mall Of Antalya	Antalya	ZAF1	
ALDI	ALDI ENTERPRISES	CHENNAI	IKR	
AR01	Country Template AR	Argentinien	INT	
AT01	Country Template AT	Austria	INT	
AU01	Country Template AU	Australia	INT	

Abb. 2.11 Auszug aus dem Customizing → Zuordnung Kontenplan zu Buchungskreis (© 2023, SAP SE)

2.1.3 Bilanzstruktur

Die Bilanzstruktur wird benötigt, um Konten eines Kontenplans den Jahresabschlussposten zuzuordnen (Ausweis). Ohne eine Bilanzstruktur könnte ein Bericht über die Bilanz und die Gewinn- und Verlustrechnung aus SAP nicht erzeugt werden. Eine Bilanzstruktur ist genau einem Kontenplan zugeordnet.

In die Bilanzstruktur gelangt der Anwender über die Sachkontenpflege (Transaktion FSS0, Pfad s.o.) bei Klick auf „Bilanz/GuV-Struktur bearbeiten“ (Abb. 2.11).

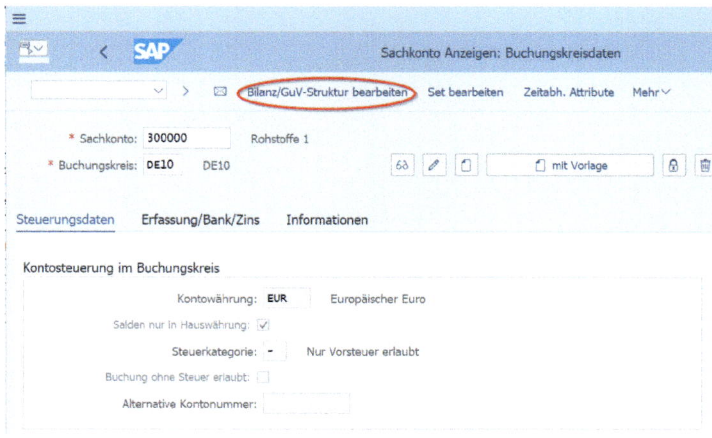

Abb. 2.12 Absprung in Bilanz/GuV-Struktur bearbeiten (© 2023, SAP SE)

Nach Auswahl des Buchungskreises gelangt man auf folgende, baumartige Darstellung.

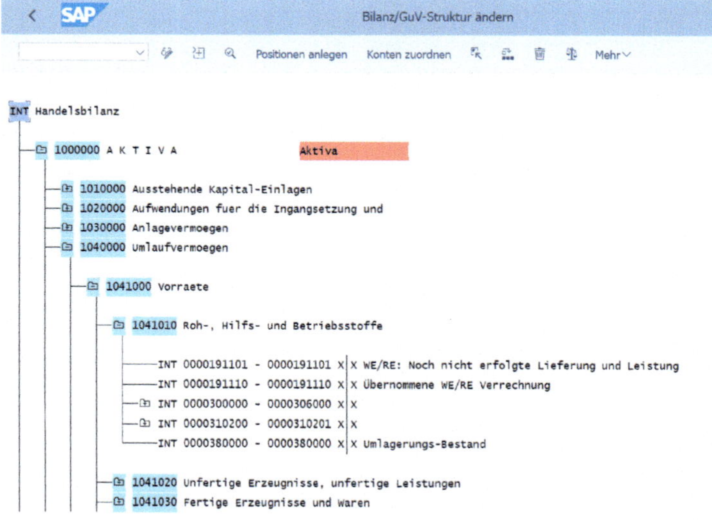

Abb. 2.13 Bilanzstruktur „INT“, die mit dem Kontenplan „INT“ verknüpft ist (© 2023, SAP SE)

Die Zuordnung der Konten zu einer Position kann in Abhängigkeit vom Saldo (Haben- oder Sollsaldo) eines Kontos erfolgen. Dadurch können Konten mit wechselnden Salden zwei Positionen zugeordnet werden: einer Position in der Aktiva bei einem Sollsaldo und einer Position in der Passiva bei einem Habensaldo. So wird ein Girokonto bei einem Sollsaldo der Position „Schecks, Kasse, Guthaben bei Kreditinstituten“ und im Falle eines Habensaldos der Position „Verbindlichkeiten gegenüber Kreditinstituten“ zugeordnet. Eine manuelle Umbuchung zum Periodenende ist somit nicht nötig.

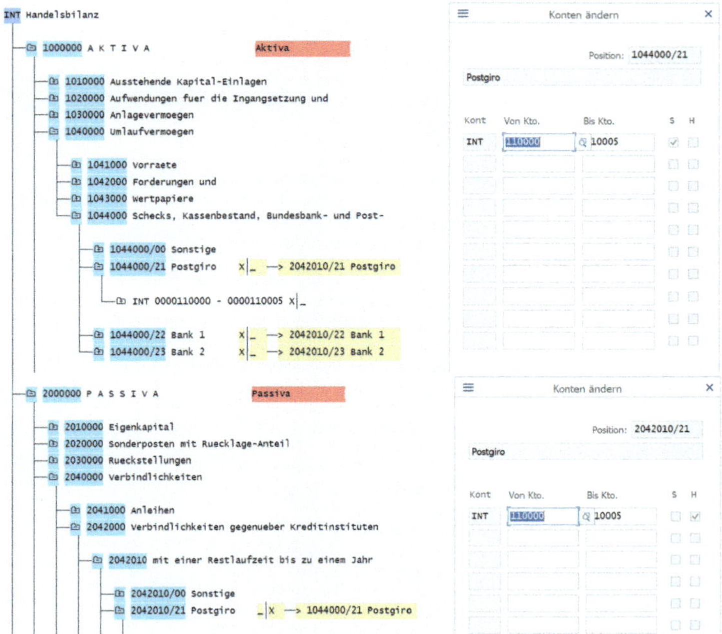

Abb. 2.14 Postgiro: bei Sollsaldo aktivischer und bei Habensaldo passivischer Ausweis (© 2023, SAP SE)

Ob alle Konten eines Kontenplans in einem Buchungskreis vollständig und richtig zugeordnet wurden, kann mittels einer automatischen Prüfungsroutine direkt in SAP geprüft werden. Dazu muss lediglich das Icon „Prüfen“ (Waage) angeklickt und nach einseitigen, nicht zugeordneten sowie falsch zugeordneten Konten gesucht werden (Abb. 2.13). Die Suche nach „falsch zugeordnet“ bezieht sich lediglich auf die Fragestellung der Zuordnung zur Bilanz oder zur Gewinn- und Verlustrechnung, die anhand des Stammsatzes (Bestandskonto oder Erfolgskonto) durchgeführt wird.

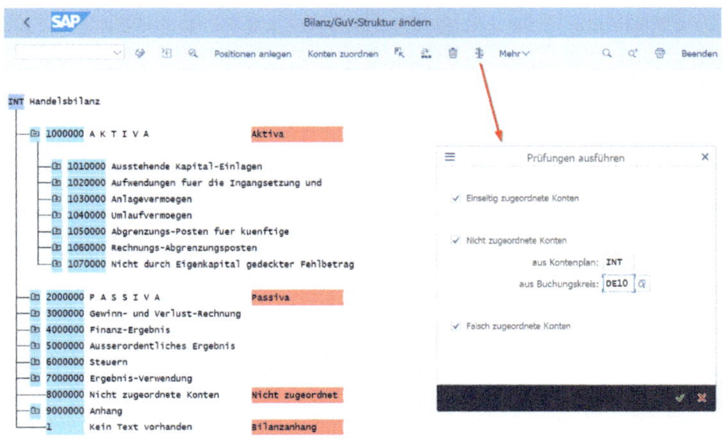

Abb. 2.15 Prüfung auf richtige und vollständige Kontenzuordnung (© 2023, SAP SE)

2.2 Der Hauptbuchbeleg

2.2.1 Das Belegprinzip (Fortsetzung)

In SAP erfolgt die Verarbeitung von Geschäftsvorfällen konsequent nach dem Belegprinzip. Dabei werden nicht nur Buchungen im Hauptbuch in Belegen abgelegt, sondern auch Bewegungen in den Nebenbüchern und in der Materialwirtschaft. Jeder Kundenauftrag, jede Bestellung, sogar jede Bestellanforderung wird in einem Beleg dokumentiert und gespeichert. Das Belegprinzip bedeutet:

- Jeder Geschäftsvorfall wird in einem Buchungsbeleg erfasst.
- Jeder Beleg erhält eine im jeweiligen Buchungskreis eindeutige Belegnummer.
- Die Vergabe der Belegnummer kann je nach Geschäftsvorfall vom System („interne Belegnummernvergabe") oder durch Eingabe des Erfassers („externe Belegnummernvergabe") erfolgen.
- Jeder Beleg wird mittels einer Belegart gekennzeichnet, die den Geschäftsvorfall klassifiziert (z.B. Belegart DR für Debitorenrechnung).
- Das Buchen eines Beleges der Finanzbuchhaltung ist nur möglich, wenn Soll und Haben rechnerisch aufgehen.

Der Beleg umfasst den Belegkopf (Belegnummer, Erfasser, Buchungsdatum, Belegdatum, Erfassungsdatum, Belegart, Belegkopftext etc.) und eine beliebige Anzahl (maximal 999) von Belegpositionen (Soll- und Habenpositionen), die neben den Konten und Beträgen eine große Anzahl an Zusatzkontierungen (Steuerkennzeichen, Kostenstelle, Profitcenter, Referenzfelder, Produktgruppe, Segment, Mengenangaben etc.) ermöglichen.

2.2.2 Belegart und Buchungsschlüssel

Die Belegart ist ein Mussfeld, die jeder Buchung im Belegkopf mitgegeben wird. Sie dient zur Klassifizierung der Buchungsbelege nach Geschäftsvorfällen. Darüber hinaus hat sie auch eine steuernde Funktion, denn mit ihr werden die Kontoarten (Anlagen, Debitor, Kreditor, Material oder Sachkonten), die in den Belegzeilen (Belegpositionen oder auch Belegsegmente genannt) angegeben werden, vorbestimmt. Mit der Belegart SA können gemäß den unten aufgeführten Customizing-Einstellungen (Abb. 2.15) auf allen Kontenarten Buchungen durchgeführt werden. Jede Belegart ist einem Belegnummernkreis zugeordnet.

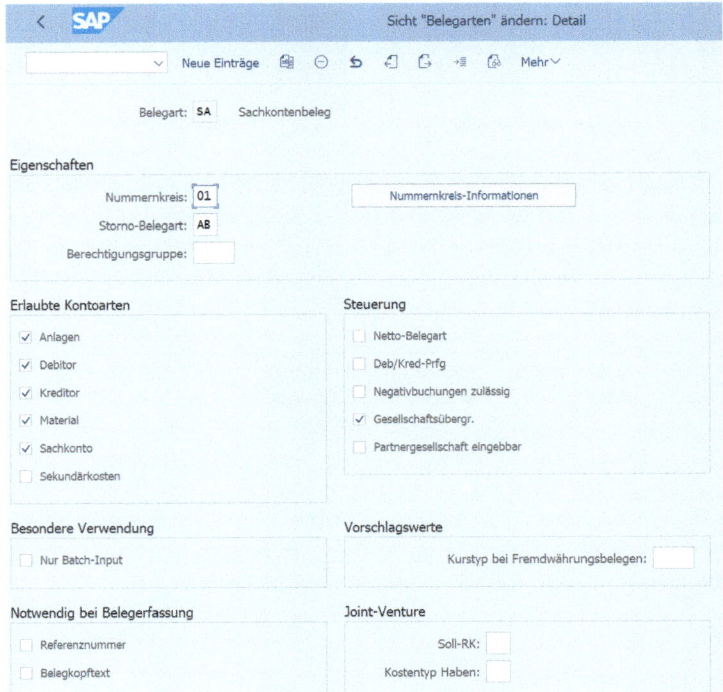

Abb. 2.16 Belegart SA (© 2023, SAP SE)

Die Belegart bestimmt, auf welchen Kontoarten (Anlagen, Debitor, Kreditor, Material oder Sachkonto) der Beleg gebucht werden kann. Daneben wird auch die Belegart hinterlegt, die bei einem Storno automatisch vergeben wird (Storno-Belegart).

In den Belegzeilen wird jede Zeile mit einem Buchungsschlüssel erfasst. Der Buchungsschlüssel legt fest, auf welcher Seite des angesprochenen Kontos gebucht wird – der Haben- oder Sollseite. Er legt auch fest, welche Konten(arten) bebucht werden können und welche Felder in der Belegzeile erfasst werden müssen, um den Beleg buchen zu können. Des Weiteren können über den Buchungsschlüssel auch Sonderhauptbuchvorgänge (vgl. Kapitel 3.2.4) gebucht werden.

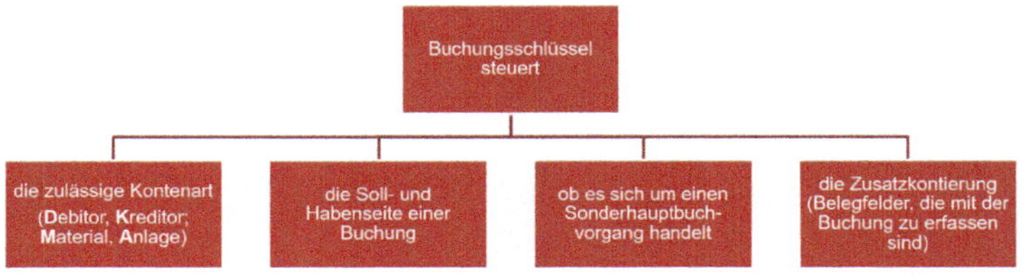

Abb. 2.17 Funktionen des Buchungsschlüssels

Die Kombination aus Belegart und Buchungsschlüssel definiert den Geschäftsvorfall und wesentliche Teile der Kontierung (vgl. Kapitel 1.6). Wird im Hauptbuch auf Sachkonten gebucht, wird typischerweise die Belegart SA oder SB sowie die Buchungsschlüssel 40 (Soll) und 50 (Haben) verwendet.

Belegart	Bedeutung Belegart	Buchungsschlüssel	Bedeutung Buchungsschlüssel	Geschäftsvorfall
SA	Sachkontenbeleg	40	Soll	Sachkontenbuchung
SA	Sachkontenbeleg	50	Haben	Sachkontenbuchung

Tab. 2.1 Typische Belegart und Buchungsschlüssel bei Hauptbuchbelegen

2.2.3 Belegänderungen

Grundsätzlich dürfen gebuchte Belege weder gelöscht noch geändert werden (vgl. § 239 Abs. 2 HGB „Radierverbot"). Stattdessen sind fehlerhafte Buchungen zu stornieren und neu zu buchen. SAP erlaubt standardmäßig nur Änderungen an nicht rechnungslegungsrelevanten Feldern (z.B. Buchungstext). Die Kontierung sowie Beträge können nicht nachträglich geändert werden. Der SAP-Nutzer könnte aber im Customizing Einstellungen vornehmen, die auch die Änderung weiterer Felder ermöglicht. Das würde dann gegen die Grundsätze ordnungsmäßiger Buchführung verstoßen. In jedem Fall aber werden Änderungen an Buchungsbelegen protokolliert und können über den Bericht der Belegänderungen nachvollzogen werden (Details hierzu siehe Kapitel 3.2.3).

2.2.4 Bewegungen auf Sachkonten analysieren

Die gebuchten Verkehrszahlen auf einem Sachkonto können im SAP-Standard in monatlichen Salden angezeigt („Salden anzeigen") und per Doppelklick auf einen Saldo bis hin zu den Einzelposten (Soll- und Habenpositionen eines Belegs) ausgewertet werden. Handelt es sich bei einem Sachkonto um ein Abstimmkonto, so sind die Einzelposten nicht über das Sachkonto des Hauptbuchs einsehbar, sondern nur über Auswertungsfunktionen oder Berichte des Nebenbuchs.

Zu den Sachkontensaldenanzeigen gelangt man über:

- SAP-Menü → Rechnungswesen → Finanzwesen → Hauptbuch → Konto → Salden anzeigen
- Transaktion **FS10N**

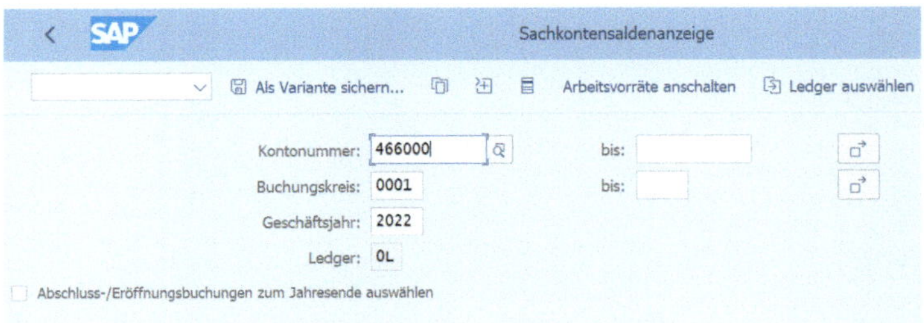

Abb. 2.18 Sachkontensalden anzeigen (© 2023, SAP SE)

Die Eingrenzung wird sinnvollerweise auf einen Buchungskreis und ein Geschäftsjahr sowie auf das zu analysierende Konto vorgenommen.

Hinweis:
Bei Nutzung des „Neuen Hauptbuchs" (das 2006 von SAP ausgerollt wurde und u.a. eine parallele Rechnungslegung in einem führenden Ledger und mehreren parallelen Ledgers ermöglicht) erscheint ein weiteres Auswahlfeld („Ledger"). Dieses ist dann relevant, wenn mehrere Ledger für verschiedene Rechnungslegungswerke parallel geführt werden. Das führende Ledger ist immer das Ledger 0L.

Falls IFRS führend ist und der Jahresabschluss nach HGB geprüft werden soll, ist das entsprechende Ledger für HGB zu wählen (z.B. „L1" anstelle von „0L").

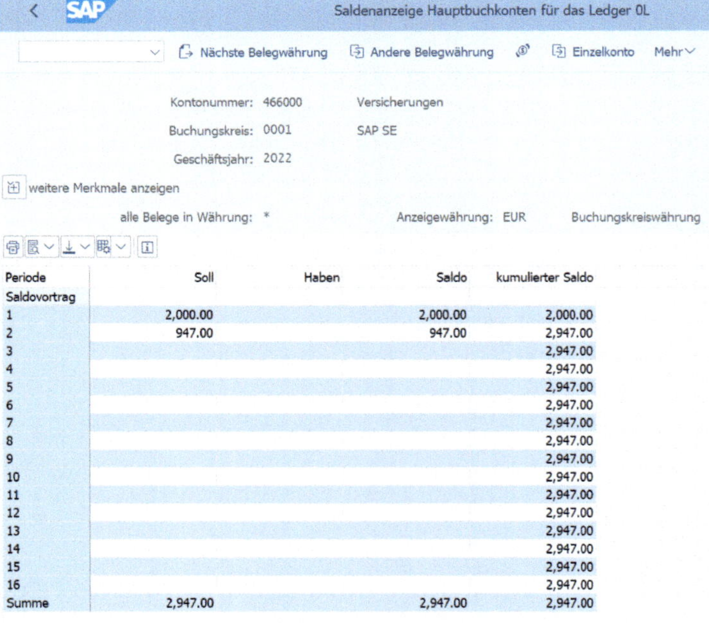

Periode	Soll	Haben	Saldo	kumulierter Saldo
Saldovortrag				
1	2,000.00		2,000.00	2,000.00
2	947.00		947.00	2,947.00
3				2,947.00
4				2,947.00
5				2,947.00
6				2,947.00
7				2,947.00
8				2,947.00
9				2,947.00
10				2,947.00
11				2,947.00
12				2,947.00
13				2,947.00
14				2,947.00
15				2,947.00
16				2,947.00
Summe	2,947.00		2,947.00	2,947.00

Abb. 2.19 Saldenanzeige (© 2023, SAP SE)

Mit einem Doppelblick auf eine der Zahlen (z.B. in der Spalte Saldo) erhält man eine Einzelpostenanzeige, in diesem Fall den Saldo der Periode 2 (2.947 EUR).

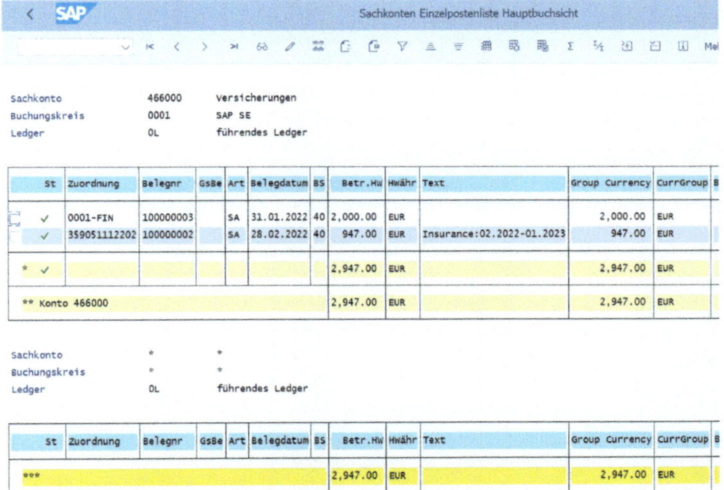

Sachkonto 466000 Versicherungen
Buchungskreis 0001 SAP SE
Ledger 0L führendes Ledger

St	Zuordnung	Belegnr	GsBe	Art	Belegdatum	BS	Betr.HW	HWähr	Text	Group Currency	CurrGroup
✓	0001-FIN	100000003		SA	31.01.2022	40	2,000.00	EUR		2,000.00	EUR
✓	359051112202	100000002		SA	28.02.2022	40	947.00	EUR	Insurance:02.2022-01.2023	947.00	EUR
* ✓							2,947.00	EUR		2,947.00	EUR
** Konto 466000							2,947.00	EUR		2,947.00	EUR

Sachkonto * *
Buchungskreis * *
Ledger 0L führendes Ledger

St	Zuordnung	Belegnr	GsBe	Art	Belegdatum	BS	Betr.HW	HWähr	Text	Group Currency	CurrGroup
***							2,947.00	EUR		2,947.00	EUR

Abb. 2.20 Einzelpostenanzeige für die Periode 2 (© 2023, SAP SE)

Die Einzelpostenanzeige kann durch weitere Felder erweitert werden. Dies gelingt über das Icon „Layout“. Im Layout zur Einzelpostenanzeige können Felder der Belegzeilen beliebig ergänzt werden. In Abb. 2.20 wurden über das Layout der Geschäftsbereich (in der Regel nicht genutzt) ausgeblendet und der Belegtext gegenüber dem SAP-Standard nach vorne verschoben.

Genügt der Informationsgehalt der angereicherten Einzelpostenanzeige nicht und möchte man bei einer Belegzeile den vollständigen Einblick in den Beleg erhalten, kann per Doppelklick die gewünschte Belegzeile ausgewählt werden und man erhält weitere Informationen zur Sollposition des Belegs. Des Weiteren kann über die Transaktion **FB03** und der Eingabe der Belegnummer (z.B. 10000003) der vollständige Beleg angezeigt werden (siehe Abb. 2.21).

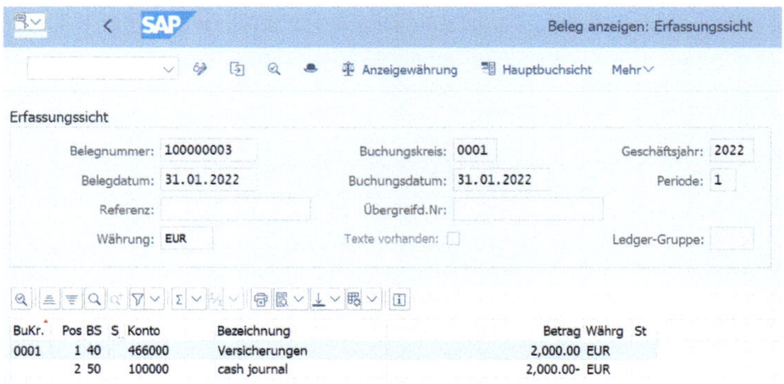

Abb. 2.21 Beleg 10000003 Versicherungsaufwand (© 2023, SAP SE)

Über das Symbol „Belegkopf" (Symbol Hut) gelangt man in die vollständigen Belegkopfdaten. Sie beinhalten neben dem Belegkopftext den Erfasser, das Erfassungsdatum, den Transaktionscode sowie weitere Informationen.

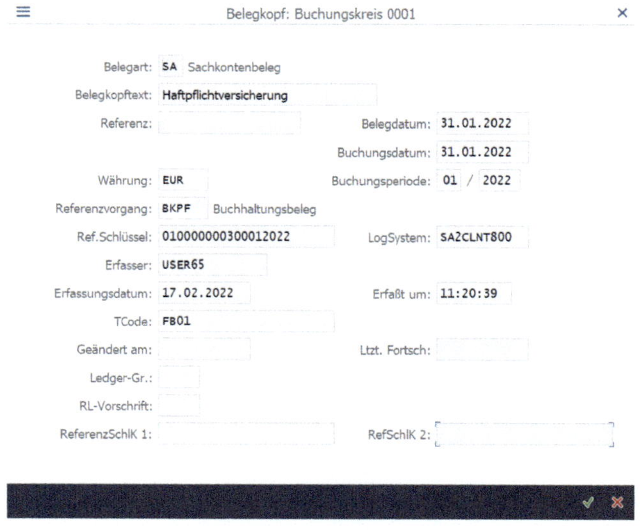

Abb. 2.22 Belegkopfdaten des Belegs 10000003 (© 2023, SAP SE)

Das Erfassungsdatum ist ein vom SAP-System automatisch vergebenes und nicht manuell änderbares Datum, das bei tatsächlicher Belegbuchung festgeschrieben wird.

2.3 Berichte des Hauptbuchs

2.3.1 Die Bilanz und GuV

Der wohl wichtigste Bericht für den Wirtschaftsprüfer ist sicherlich jener, der die Kernbestandteile des Jahresabschlusses enthält: die Bilanz und die Gewinn- und Verlustrechnung (GuV).

In der SAP-Sprache wird dieser Bericht „RFBILA" genannt. Dieser Jargon leitet sich aus dem Berichtsnamen „RFBILA00" ab.

Zum Bericht „Bilanz und GuV" gelangt man über:

- SAP-Menü → Rechnungswesen → Finanzwesen → Hauptbuch → Infosystem → Berichte zum Hauptbuch → Bilanz/GuV/Cash Flow → Allgemein → Ist-/Ist-Vergleiche → Bilanz/GuV
- oder Transaktion SA38 und Bericht **RFBILA00**
- oder Transaktion **S_ALR_87012284 (oder F.01)**

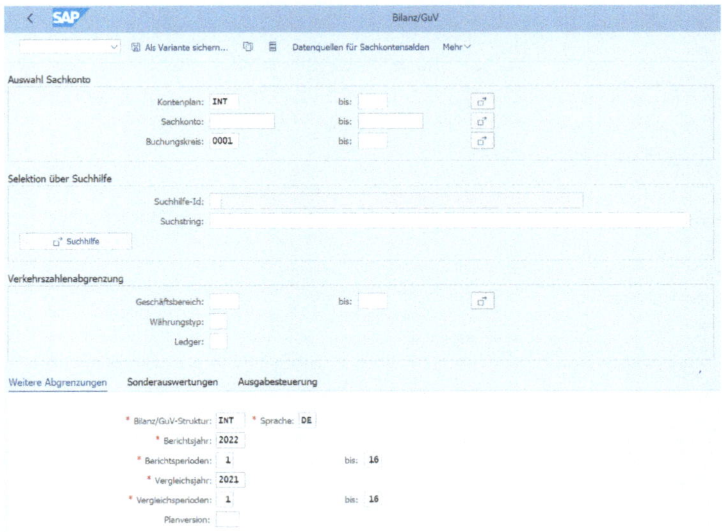

Abb. 2.23 Bericht zur Bilanz/GuV generieren (© 2023, SAP SE)

Die Mussfelder (in SAP immer mit einem Häkchen versehen), die ausgefüllt werden müssen, um den Bericht zu starten, sind die Bilanz/GuV-Struktur, das Geschäftsjahr, das Vergleichsjahr und die Perioden.

Sinnvollerweise wird ergänzend ein Buchungskreis eingegeben, um nicht die Bilanzen aller vorhandenen Buchungskreise zu generieren.

Hinweis:
Bitte achten Sie darauf, sowohl beim Berichtsjahr als auch beim Vergleichsjahr immer alle Perioden von 1 bis 16 zu selektieren. Die Perioden 13 bis 16 sind von SAP als Abschlussperioden gedacht, um operative Buchungen des Tagesgeschäfts von den Jahresabschlussbuchungen separieren zu können. In der Praxis werden allerdings nicht alle Zusatzperioden verwendet. Sehr oft wird nur die Periode 13 als Abschlussperiode eingesetzt.

Je nach Geschmack kann unter der Rubrik „Listausgabe“ das Aussehen des Berichts gewählt werden. Als Standardeinstellung ist die „klassische Liste“ voreingestellt. Sie ist nicht sehr leserlich und eignet sich auch nicht für einen anschließenden Download. Für den Download der Bilanz/GuV eignet sich am besten das Berichtsformat „ALV Grid Control“, da über die Layout-Funktion das Konto ergänzt werden kann und sich dadurch ein spalten- und zeilenreiner Bericht in Excel generieren lässt. Wenn man die Ausgabe nur am Bildschirm betrachten möchte, ist die „ALV Tree Control“ dank der interaktiven Baumstruktur wohl die übersichtlichste Variante.

SAP Bilanz/GuV

Mehr

Handelsbilanz

0L	Ledger
10	Währungstype Buchungskreiswährung
EUR	Beträge in Europäischer Euro
2022.01 -2022.16	Berichtsperioden
2021.01 -2021.16	Vergleichsperioden

Bilanz/GuV-Positionen

Bil/GuV-Position/Konto	Sum.Berper	Sum.Verper	Abs. Abw.
AKTIVA	1,670.88-	0.00	1,670.88-
Anlagevermoegen	133.01-	0.00	133.01-
Umlaufvermoegen	1,537.87-	0.00	1,537.87-
PASSIVA	1,670.88	0.00	1,670.88
Eigenkapital	2,670.88	0.00	2,670.88
Verbindlichkeiten	1,000.00-	0.00	1,000.00-
Gewinn- und Verlust-Rechnung	19,367.00	0.00	19,367.00
Bestands-Veraenderung	15,400.00	0.00	15,400.00
Materialaufwand	1,020.00	0.00	1,020.00
Sonstige betriebliche Aufwendungen	2,947.00	0.00	2,947.00
Ergebnis-Verwendung	3,617.88-	0.00	3,617.88-
Gewinn aus GuV	3,617.88-	0.00	3,617.88-
Nicht zugeordnete Konten	947.00-	0.00	947.00-
Anhang	15,749.12-	0.00	15,749.12-

Abb. 2.24 Bilanz/GuV mittels Listausgabe „ALV Tree Control“ (© 2023, SAP SE)

2.3.2 Summen- und Saldenliste

Neben dem Bericht zur Bilanz und GuV ist die Summen- und Saldenliste über alle Sachkonten eines Buchungskreises hinweg ein häufig genutzter Bericht im Prüfungsalltag (z.B. zum Abstimmen der Eröffnungssalden).

Zur Summen- und Saldenliste gelangt man wie folgt:

- SAP-Menü → Rechnungswesen → Finanzwesen → Hauptbuch → Infosystem → Berichte zum Hauptbuch → Saldenlisten → Allgemein → Sachkontensalden → Sachkontensalden
- oder Transaktion SA38 und Bericht **RFSSLD00**
- oder Transaktion **S_ALR_87012277**

Der Bericht zeigt je Konto eines Buchungskreises den Saldovortrag, die im Geschäftsjahr gebuchten Verkehrszahlen nach Soll- und Habenposition und den Endsaldo. Dieser lässt sich nach dem Download auch gut in Excel verwenden.

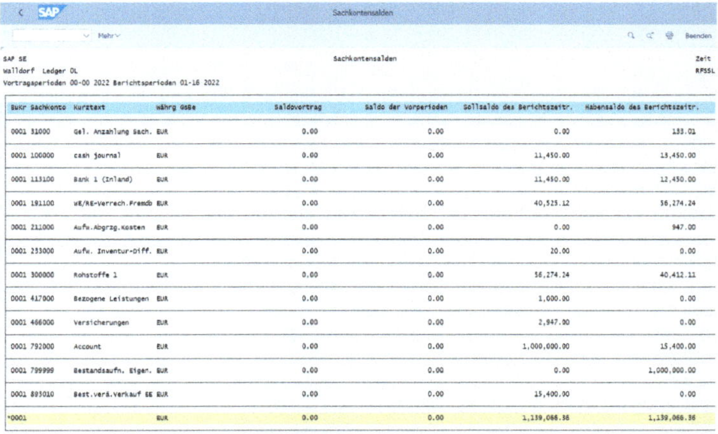

SAP Sachkontensalden

Mehr Beenden

SAP SE Sachkontensalden Zeit
Walldorf Ledger 0L RFSSL
Vortragsperioden 00-00 2022 Berichtsperioden 01-16 2022

BuKr	Sachkonto	Kurztext	Währg	GsBe	Saldovortrag	Saldo der Vorperioden	Sollsaldo des Berichtszeitr.	Habensaldo des Berichtszeitr.
0001	31000	Gel. Anzahlung Sach.	EUR		0.00	0.00	0.00	133.01
0001	100000	cash journal	EUR		0.00	0.00	11,450.00	13,450.00
0001	113100	Bank 1 (Inland)	EUR		0.00	0.00	11,450.00	12,450.00
0001	191100	WE/RE-Verrech.Fremdb	EUR		0.00	0.00	40,525.12	56,274.24
0001	211000	Aufw.Abgrzg.Kosten	EUR		0.00	0.00	0.00	947.00
0001	233000	Aufw. Inventur-Diff.	EUR		0.00	0.00	20.00	0.00
0001	300000	Rohstoffe 1	EUR		0.00	0.00	56,274.24	40,412.11
0001	417000	Bezogene Leistungen	EUR		0.00	0.00	1,000.00	0.00
0001	466000	Versicherungen	EUR		0.00	0.00	2,947.00	0.00
0001	792000	Account	EUR		0.00	0.00	1,000,000.00	15,400.00
0001	799999	Bestandsaufn. Eigen.	EUR		0.00	0.00	0.00	1,000,000.00
0001	893010	Best.verä.Verkauf SE	EUR		0.00	0.00	15,400.00	0.00
*0001			EUR		0.00	0.00	1,139,066.36	1,139,066.36

Abb. 2.25 Sachkontensaldenliste (© 2023, SAP SE)

2.3.3 Belegjournal

Das Belegjournal gibt alle gebuchten Belege einer Buchungsperiode und eines Buchungskreises chronologisch aus. Technisch gesehen werden die Belegköpfe (Tabelle BKPF) mit den dazugehörigen Belegzeilen (Tabelle BSEG) einer Buchungsperiode, sortiert nach Belegnummer und Buchungsdatum ausgegeben. Da der Bericht des klassischen Belegjournals nicht leserfreundlich ist, wird die Kompaktvariante empfohlen.

Zum Beleg-Kompaktjournal gelangt man über:

- SAP-Menü → Rechnungswesen → Finanzwesen → Hauptbuch → Infosystem → Berichte zum Hauptbuch → Beleg → Allgemein → Beleg-Kompaktjournal → Beleg-Kompaktjournal
- oder Transaktion SA38 und Bericht **RFBELJ00**
- oder Transaktion **S_ALR_87012289 (oder F.02)**

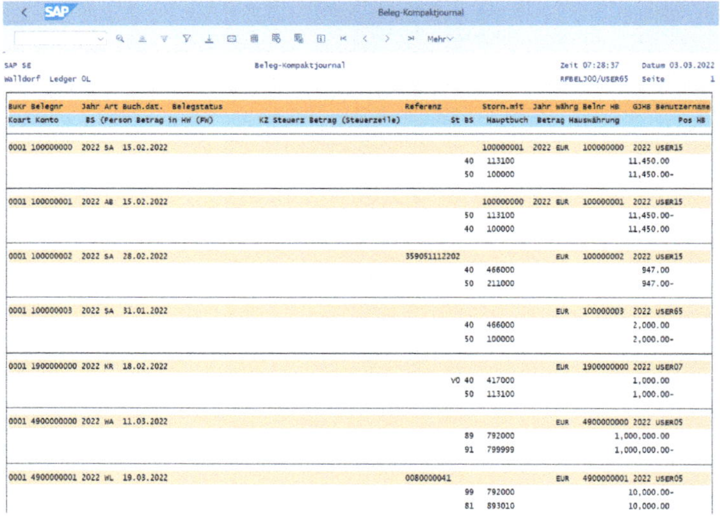

Abb. 2.26 Beleg-Kompaktjournal (© 2023, SAP SE)

Mithilfe der Buchungsschlüssel können die Buchungssätze eines Belegs gut gelesen werden. Jeder Beleg fängt mit den Belegkopfinformationen Buchungskreis, Belegnummer, Geschäftsjahr, Buchungsdatum und Benutzer an. In den darunter aufgeführten Zeilen wird der eigentliche Buchungssatz ausgegeben. Ist bei der Kontenart (KoArt) ein Buchstabe vorhanden (z.B. K für Kreditoren), wird das Nebenbuchkonto (bei „K" das Kreditorenkonto) anstelle des Hauptbuchkontos angegeben.

Praxistipp:
Zu Auswertungszwecken (z.B. für Journal Entry Testings) können anstelle des Belegjournals über die Transaktion SE16 die Tabellen BKPF und BSEG für die zu prüfenden Buchungskreise und das jeweils ausgewählte Geschäftsjahr direkt heruntergeladen werden. Diese zwei Tabellen können im Anschluss über das Schlüsselfeld „Belegnummer" verknüpft werden, sodass dann alle Informationen in einer einzigen Gesamttabelle enthalten sind.

Mit SAP S/4HANA gibt es auf Basis des Universal Journal eine erweiterte Hauptbuchtabelle (ACDOCA). Diese kann anstelle der Tabelle BSEG heruntergeladen werden. Sie bietet erweiterte Auswertungsmöglichkeiten, da sie vollständig die Nebenbücher Debitoren, Kreditoren und Anlagen sowie die Materialwirtschaft enthält.

3 Nebenbuch: Kreditoren und Debitoren

3.1 Stammdaten

3.1.1 Aufbau der Stammdaten

Lieferanten- bzw. Kreditorenstammdaten spielen nicht nur in Bezug auf die Kontierung und Zahlungsabwicklung und damit auf die Finanzbuchhaltung eine Rolle. Sie sind ebenfalls für den Einkaufsprozess von Bedeutung, denn mit ihrer Hilfe können Bestellungen, Wareneingänge und Rechnungseingänge erfasst oder Konditionen verglichen werden.

Die Anlage und Pflege von Lieferantenstammdaten kann somit – je nach Festlegung der Prozesse des Unternehmens – durch den Einkauf über die Einkaufsfunktionalität sowie durch die Finanzbuchhaltung erfolgen.

Hierdurch ist es möglich, dass der Einkauf für seine Zwecke Lieferantendaten erfasst, die der Finanzbuchhaltung nicht bekannt sind (z.B. Ansprechpartner, Lieferkonditionen etc.). Diese legt ihrerseits für Zahlungsvorgänge Kreditorenstammdaten an, auf die der Einkauf nicht zugreift (Bankdaten, Mahndaten etc.). Das SAP-ERP-System ermöglicht hier eine Funktionstrennung und darüber hinaus die Option einer funktionsübergreifenden zentralen Erfassung der Daten, die dann immer beiden Abteilungen zur Verfügung stehen.

Ähnlich verhält es sich mit den Kunden- bzw. Debitorenstammdaten. Sie umfassen alle Daten, die zur Bearbeitung von Aufträgen, Auslieferungen, Rechnungen und Zahlungen erforderlich sind, und können ebenfalls getrennt durch den Vertrieb und das Rechnungswesen oder übergreifend erfasst und gepflegt werden.

Grundsätzlich bestehen sowohl Kreditoren- als auch Debitorenstammdaten aus Informationen zu

- Adressdaten,
- Zahlwegen/Mahndaten,
- Zahlungsverkehrsdaten (z.B. Einzugsermächtigung, Überweisung, Scheck etc.),
- Zahlungsbedingungen (Zahlungsziele, Skonto),

- Bankverbindungsdaten,
- Kontengruppen und
- Steuerungs- und Verrechnungsdaten.

Diese Informationen werden in verschiedenen Tabellen gespeichert und über Schlüssel miteinander verknüpft.

Mit S/4HANA hat sich auch die Struktur der Kreditoren und Debitoren verändert und es ist nunmehr von Businesspartnern oder Geschäftspartnern die Rede. Hierunter werden Personen, Organisationen, Gruppen von Personen oder Gruppen von Organisationen verstanden, an der ein Unternehmen ein geschäftliches Interesse hat.

Zwar bleiben die Tabellen zu Kreditoren- und Debitorenstammdaten aus SAP ERP in S/4HANA im Hintergrund erhalten, es erfolgt jedoch eine Zuordnung unter dem Businesspartner. Für diesen existieren zusätzliche Tabellen.

Die Daten eines Kreditors/Debitors können in SAP ERP über das jeweilige Fachmenü im SAP-Menübaum oder mit den Transaktionen **FK03** und **FD03** eingesehen werden.

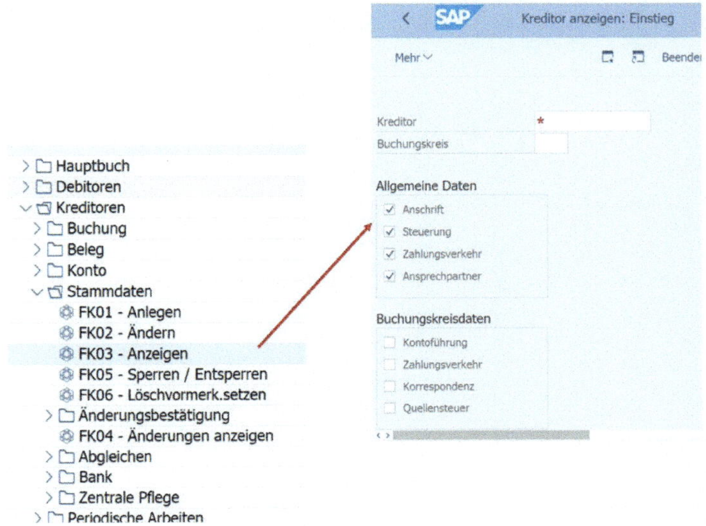

Abb. 3.1 Ansichtsmöglichkeit von Kreditorenstammdaten in SAP ERP (© 2023, SAP SE)

In S/4HANA wird der Businesspartner über die Transaktion BP oder BP0 aufgerufen.

Im Folgenden sollen einige Besonderheiten der Stammdaten aufgegriffen werden, die für den Abschlussprüfer interessant sein können.

3.1.2 Verrechnung zwischen Kreditor und Debitor

Häufig haben Geschäftspartner innerhalb eines Unternehmens unterschiedliche Funktionen inne und können im SAP-System als Kreditor und gleichzeitig als Debitor angelegt werden. Das System bietet hierfür die Möglichkeit, Forderungen und Verbindlichkeiten eines Kreditors und eines Debitors miteinander zu verrechnen. Hierzu sind bestimmte Einträge in den Stammdaten erforderlich.

- Die zugehörige Debitorennummer muss in dem entsprechenden Stammsatz des Kreditors eingetragen sein.
- Die zugehörige Kreditorennummer muss in dem entsprechenden Stammsatz des Debitors eingetragen sein.
- Die Felder „Verr. mit Kred" bzw. „Verr. mit Debi" müssen in beiden Stammsätzen angekreuzt sein.

Ob diese Felder gepflegt sind, kann in den Steuerungs- und Zahlungsverkehrsdaten der Stammdaten eingesehen werden.

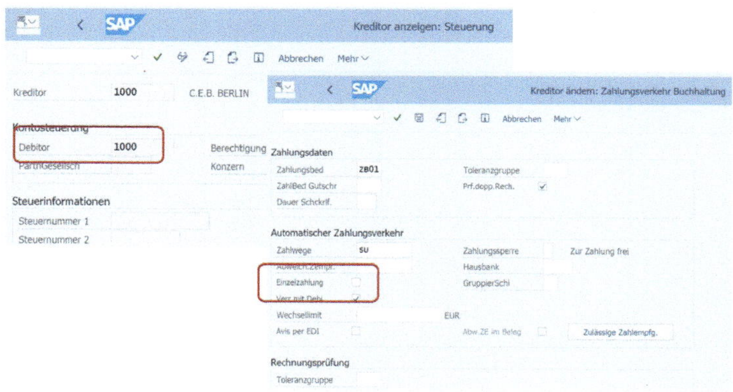

Abb. 3.2 Verrechnung Kreditor mit Debitor in SAP ERP (© 2023, SAP SE)

In S/4HANA existiert ebenfalls eine entsprechende Kennzeichnung zur Verrechnung von Kreditoren und Debitoren, die hinter dem Businesspartner hinterlegt sind. Hier müssen ebenfalls, wie in SAP ERP, die entsprechenden Debitoren/Kreditorennummern desjenigen Businesspartners hinterlegt werden, mit dem verrechnet werden soll.

3.1.3 Festlegung des zugehörigen Mitbuch- oder Abstimmkontos

Wie im vorangegangenen Kapitel vorgestellt, handelt es sich bei SAP ERP und bei S/4HANA um ein integriertes System, in welchem Bewegungen des Nebenbuchs direkt auf dem Hauptbuch fortgeschrieben bzw. mitgebucht werden. Hierzu müssen zum einen im Hauptbuch für jede Nebenbuchhaltung die entsprechenden Mitbuch- oder Abstimmkonten geführt werden. Zum anderen sind diese Konten ebenfalls in den buchungskreisspezifischen Kreditoren- und Debitorenstammdaten zu hinterlegen.

Durch die automatische Fortschreibung ist gewährleistet, dass der Saldo der Sachkonten immer null ergibt und jederzeit eine Bilanz erstellt werden kann, ohne dass die Summen der Nebenbuchhaltung in die Hauptbuchhaltung übernommen werden müssen.

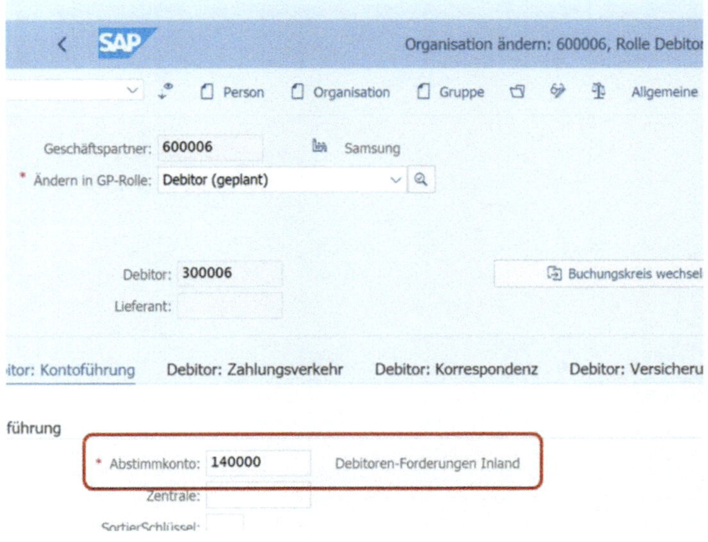

Abb. 3.3 Hinterlegung Abstimmkonten S/4HANA (© 2023, SAP SE)

Es kann Geschäftsvorfälle geben, für die bei einer Buchung im Nebenbuch die korrespondierende Buchung nicht auf das festgelegte Abstimmkonto des Hauptbuchs erfolgen soll. Für diese Buchungen werden dann Sonderhauptbuchkennzeichen verwendet, auf welche Kapitel 3.2.4 gesondert eingeht.

3.1.4 Spezielle Personenstammdaten – CpD-Konten

Für Kreditoren oder Debitoren, die nur einmal oder selten und nur mit kleinen Beträgen bebucht werden, kann ein sgenanntes CpD-Konto (Conto pro Diverse) angelegt werden. Im Unterschied zu anderen Stammsätzen werden im Stammsatz für CpD-Konten **keine lieferanten- oder kundenspezifischen Daten** gespeichert, da das Konto für mehrere Lieferanten bzw. Kunden benutzt wird.

Erst beim Buchen auf ein CpD-Konto verzweigt das System automatisch auf ein Stammdatenbild, in welchem die spezifischen Angaben, wie etwa der Name, die Anschrift oder die Bankverbindung, eingegeben werden müssen.

Ob ein Konto ein CpD-Konto ist, wird über die Kontengruppe festgelegt (siehe auch Kapitel 1.3).

Praxistipp:
CpD-Konten werden in den meisten Unternehmen genutzt, da die Anlage von nur einmal verwendeten Stammsätzen einen hohen Aufwand verursacht.

Allerdings hat die Nutzung von CpD-Konten auch Nachteile. So werden ihre Bewegungen bei intensiver Nutzung schnell unübersichtlich und es ist schwierig, ihre Positionen den korrespondierenden Geschäftsvorgängen zuzuordnen. Vor diesem Hintergrund bergen sie erhöhte Unterschlagungsrisiken.

Daher sollten CpD-Konten durch das Rechnungswesen regelmäßig geprüft und abgestimmt werden. Zusätzlich sind konkrete Regelungen zu deren Nutzung sinnvoll. So ist es beispielsweise ratsam, dass eine bestimmte Betragshöhe (z.B. 500 oder 1.000 EUR) bei den Buchungen nicht überschritten wird.

Auch für den Abschlussprüfer lohnt sich gelegentlich ein Blick auf diese Konten, um einen Eindruck von der Beschaffenheit des Internen Kontrollsystems beim Mandanten zu erhalten.

Die Sichtung der Buchungen auf den CpD-Konten erfolgt entweder je Konto oder über die Einzelpostenliste, auf die in Kapitel 3.3.3 vertieft eingegangen wird.

Ob und welche CpD-Konten verwendet werden, ist über die Einsicht in das Kreditoren- bzw. Debitorenverzeichnis erkennbar.

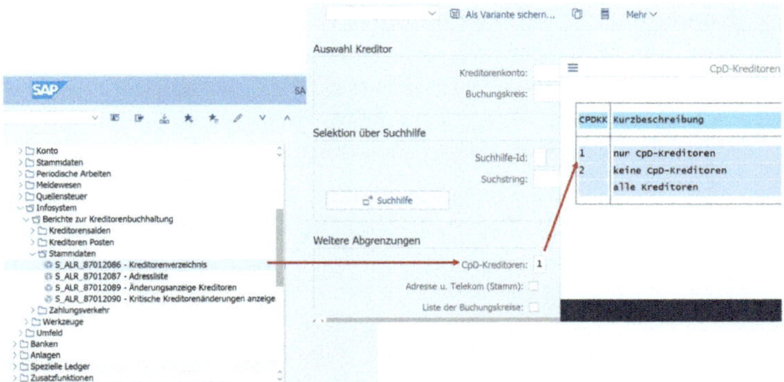

Abb. 3.4 Anzeige CpD-Konten in den Kreditorenstammdaten, hier S/4HANA (© 2023, SAP SE)

3.1.5 Änderungshistorie bei Kreditoren- und Debitorenstammdaten

Aus Gesichtspunkten der Ordnungsmäßigkeit ist eine Änderungshistorie für rechnungslegungsrelevante Stamm- und Bewegungsdaten erforderlich. Ein SAP-System kommt – bei entsprechender Parametrisierung – diesen Anforderungen der Finanzverwaltung nach und Änderungen an den Stammdaten der Kreditoren und Debitoren werden durch das System protokolliert. Hierbei wird über den gesamten Zeitraum für jedes Feld der Zeitpunkt der Änderung, der Name des Benutzers sowie der alte und der neue Feldinhalt gespeichert und ist somit nachvollziehbar.

Die Änderungen an Stammdaten können innerhalb des SAP-Systems in folgender Detaillierung eingesehen werden:

- **Zu einem bestimmten Feld**
  Einzelne Feldänderungen zu einem Stammsatz können direkt aus dem jeweiligen Stammdatensatz heraus über den Menüleisteneintrag Umfeld → Feldänderungen eingesehen werden.

- **Zu einem gesamten Stammsatz**
  Die Auswahl eines konkreten Stammsatzes, zu dem die Änderungen eingesehen werden sollen, erfolgt über das zugehörige Fachmenü (Rechnungswesen → Finanzwesen → Kreditoren/Debitoren → Stammdaten → Änderungen anzeigen) oder über die Transaktionen **FK04** und **FD04**.

- **Kontenübergreifend zu mehreren Stammsätzen**
  Eine Liste mit Änderungen an mehreren Stammsätzen ist über den Pfad Rechnungswesen → Finanzwesen → Kreditoren oder Debitoren → Infosystem → Berichte zur Kreditoren-/Debitorenbuchhaltung → Stammdaten → Änderungsanzeige Kreditoren/Debitoren einsehbar. Alternativ ist diese Abfrage auch direkt über die Transaktion SA38 und den Aufruf der Reports **RFKABL00** für Kreditoren und **RFDABL00** für Debitoren möglich.

Praxistipp:
Im Rahmen von IKS-Prüfungen ist es üblich, die Änderungsprotokolle dahingehend zu prüfen, ob Änderungen von nicht autorisierten Personen (z.B. IT-Personal, Berater) durchgeführt oder kritische Daten unbefugt geändert wurden (z.B. Bankverbindungsdaten, Mahndaten).

Um die oben aufgeführte Sicht auf Änderungsdaten mehrerer Kreditoren oder Debitoren zu erhalten, wird wie folgt vorgegangen:

- Das Programm zur Änderungsanzeige wird entweder über den aufgeführten Pfad des Fachmenüs oder direkt über die Transaktion SA38 (Reports RFKABL00 und RFDABL00) aufgerufen.
- Im Einstiegsbild können zur gezielten Auswertung der Stammdatenänderungen Eingrenzungen auf Gruppen von bestimmten Feldern vorgenommen werden.

Leider werden die Ergebnisse der Programme in einer unkomfortablen, nicht sortierbaren Form ausgegeben und sind vor allem bei großen Datenmengen manuell schwer prüfbar.

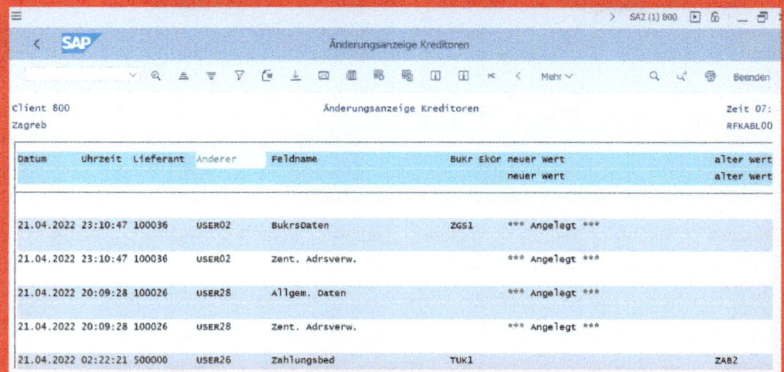

Abb. 3.5 Änderungshistorie für Kreditorenstammdaten (© 2023, SAP SE)

Interessante Einträge können gefiltert werden, indem man den Cursor auf den Spaltennamen oder einen gewünschten Eintrag setzt und im Anschluss das Filter-Symbol aus der Symbolleiste auswählt.

Für die komfortablere Auswertung empfiehlt es sich, die Liste aus dem System als Excel-Liste zu extrahieren und dort oder in Prüfsoftware weiter zu analysieren. Die Export-Möglichkeit im Tabellenkalkulationsformat ist sowohl in SAP ERP als auch in S/4HANA etwas versteckt und der Download-Pfeil in der Menüleiste ermöglicht lediglich den Export in eine Textdatei. In beiden Systemen sollte daher der Weg über den Pfad Liste → Exportieren → Tabellenkalkulation gewählt werden.

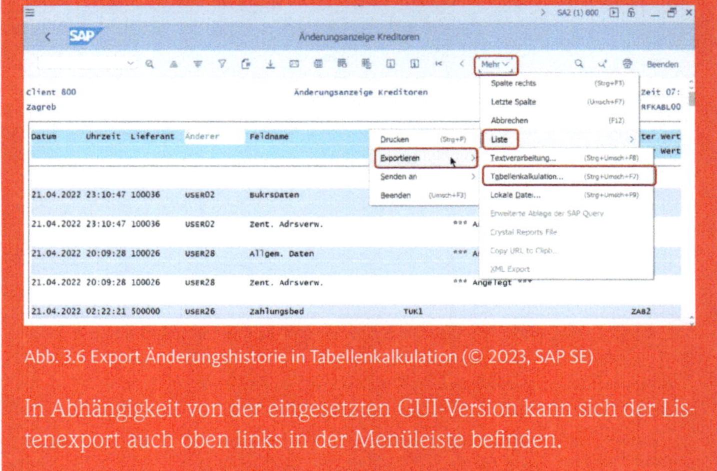

Abb. 3.6 Export Änderungshistorie in Tabellenkalkulation (© 2023, SAP SE)

In Abhängigkeit von der eingesetzten GUI-Version kann sich der Listenexport auch oben links in der Menüleiste befinden.

3.2 Bewegungsdaten

3.2.1 Entstehung von Belegen

Alle Sachverhalte werden im SAP-System in Form von Belegen abgebildet. So führen für die Kreditoren und Debitoren die Ein- und Ausgangsrechnungen zu Bewegungsdaten bzw. zu Belegen.

Bei Eingangsrechnungen wird in der Regel zwischen „bestellbezogenen" und „nicht bestellbezogenen" Rechnungen unterschieden. In Abhängigkeit von ihrer Herkunft werden sie unterschiedlich bearbeitet und verbucht. Sind sie das Ergebnis einer Bestellung und eines darauffolgenden Wareneingangs, werden sie gewöhnlicherweise durch den **Einkauf** im Rahmen des Rechnungsprüfungsprozesses erfasst. Hierbei erfolgt innerhalb des MM-Moduls systemtechnisch ein Abgleich der Daten aus der Bestellung, des Wareneingangs und der Rechnung in einem sogenannten „Three-Way-Match". Je nach Höhe möglicher Abweichungen und im System hinterlegter Toleranzgrenzen wird die Rechnung dann im Kreditorenbuch verbucht und im Hintergrund an das Hauptbuch übergeben (vgl. auch Kapitel 5.1 Einkauf).

Liegt einer Rechnung keine Bestellung zugrunde, wird sie in der Regel direkt in der **Kreditorenbuchhaltung** erfasst und verbucht.

Im debitorischen Umfeld verhält es sich ähnlich. Folgt eine Faktura einer Kundenanfrage, einem Auftrag und einer Lieferung, wird sie durch den Vertrieb in SAP SD erzeugt. Im Anschluss erfolgt die Verbuchung im Nebenbuch der Debitoren und im Hintergrund auf zugeordnete Konten des Hauptbuchs.

Die manuelle Erzeugung einer Ausgangsrechnung im Rechnungswesen findet sich – je nach Geschäftsgebiet – seltener.

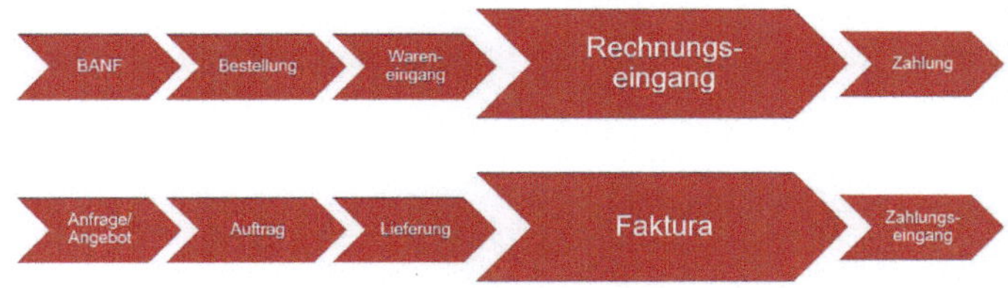

Abb. 3.7 Prozesskette Rechnungseingang bzw. Faktura

Sowohl bei den Ein- als auch bei den Ausgangsrechnungen gibt die Belegart Auskunft darüber, wie und wo die Rechnung entstanden ist (siehe auch Kapitel 2.2.2). Häufig werden Eingangsrechnungen, die aus der Rechnungsprüfung resultieren, mit der Belegart KR übergeben. Fakturen aus SAP SD finden sich in der Regel mit der Belegart RV in der Finanzbuchhaltung wieder.

Praxistipp:
Soll im Rahmen einer Abschlussprüfung oder von IKS-Prüfungen festgestellt werden, welche Rechnungen manuell gebucht wurden, lassen sich diese entsprechend über die zugehörige Belegart auffinden. Hierzu sind die eingesetzten Belegarten durch den Fachbereich zu erläutern. Häufig wird Belegart RE für manuell erfasste Eingangsrechnungen genutzt, aber je nach Unternehmen und Geschäftsprozess können auch andere oder zusätzliche Belegarten eingesetzt werden.

3.2.2 Einsehen von Belegdaten

Die Belege der Kreditoren- und Debitorenbuchhaltung werden in SAP ERP und in S/4HANA in verschiedenen Tabellen verwaltet (siehe

Kapitel 1.6). Auch wenn die Belegdaten in S/4HANA in einer gemeinsamen Tabelle gehalten werden, ist eine Prüfung der Belegdaten auf Tabellenebene, je nach Fragestellung, für einen Prüfer häufig wenig sinnvoll, da Beleginformationen weiterhin noch verknüpft werden müssen, um alle Informationen eines Belegs zu erhalten. Daher bietet SAP für die Prüfung von Belegdaten Standard-Werkzeuge an.

Über die Transaktion **FB03** oder über das jeweilige Kreditoren- oder Debitorenmenü können einzelne Belege durch Eingabe der gewünschten Belegnummer aufgerufen oder eine Belegliste erzeugt werden. Allerdings ist die Belegliste nur wenig aussagekräftig, da sie neben dem Geschäftsjahr lediglich die Belegnummer, das Belegdatum, das Buchungsdatum sowie die Belegart anzeigt und keine weitergehenden Informationen enthält.

Für die Sicht auf einen einzelnen Beleg ist die Kenntnis der Belegnummer des gewünschten Belegs erforderlich.

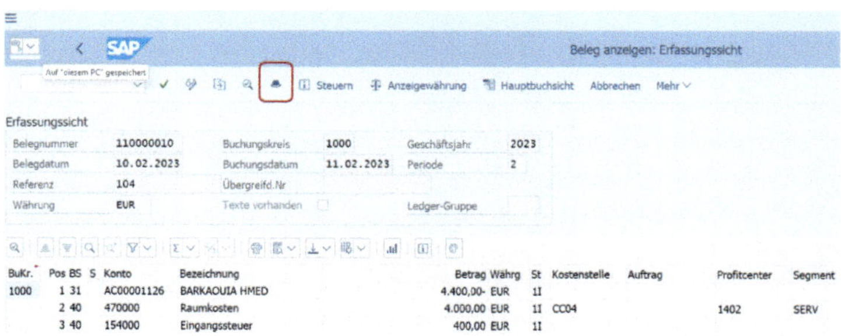

Abb. 3.8 Sicht auf einen einzelnen Kreditorenbeleg, hier aus SAP ERP (© 2023, SAP SE)

Nach Aufruf des Belegs können zusätzliche Ebenen des Belegs eingesehen werden. Hinter dem „Hut-Symbol“ in der Symbolleiste verbergen sich beispielsweise die Daten des Belegkopfs u.a. mit der Kennung des Erfassers, dem Erfassungsdatum sowie der Belegart.

Detaillierte Informationen zu einzelnen Positionen sind über Doppelklick auf die Position erhältlich. Über die Schaltfläche „Hauptbuchsicht“ kann das entsprechende Abstimmkonto eingesehen werden.

Zusätzlich zum Einzelbelegaufruf lassen sich auch alle Belege eines Kontos über die Ansicht des jeweiligen Kreditoren- oder Debitorenkontos im entsprechenden Fachmenü aufrufen.

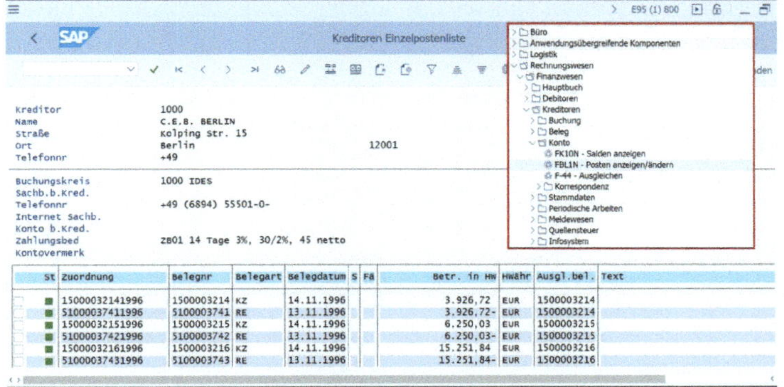

St	Zuordnung	Belegnr	Belegart	Belegdatum	S	Fä	Betr. in HW	HWähr	Ausgl.bel.	Text
■	15000032141996	1500003214	KZ	14.11.1996			3.926,72	EUR	1500003214	
■	51000037411996	5100003741	RE	13.11.1996			3.926,72-	EUR	1500003214	
■	15000032151996	1500003215	KZ	14.11.1996			6.250,03	EUR	1500003215	
■	51000037421996	5100003742	RE	13.11.1996			6.250,03-	EUR	1500003215	
■	15000032161996	1500003216	KZ	14.11.1996			15.251,84	EUR	1500003216	
■	51000037431996	5100003743	RE	13.11.1996			15.251,84-	EUR	1500003216	

Abb. 3.9 Sicht auf die Belege eines Kontos, hier aus SAP ERP (© 2023, SAP SE)

Kontenübergreifend können Belege z.B. über das Belegjournal, das Beleg-Kompaktjournal oder die Einzelpostenliste eingesehen werden. Deren Handhabung wird in Kapitel 3.3.3 näher erläutert.

3.2.3 Änderungshistorie für Belegänderungen

An Belegdaten können ebenfalls Änderungen durchgeführt werden. Generell wird bei der Systemeinführung im Customizing festgelegt, welche Felder für Änderungen zugelassen sind, allerdings sind Änderungen folgender Bestandteile standardmäßig durch das System nicht gestattet:

- Kontonummern
- Buchungsschlüssel
- Buchungsbetrag
- Steuerbetrag
- Steuerkennzeichen

Bei Dauerbuchungsurbelegen ist auch die Änderung der Betragsfelder gestattet, da diese nicht als Belege gelten und erst im Nachgang zu neuen Belegen führen. Das Radierverbot greift daher hier nicht.

Wie bei den Stammdaten werden auch in den Belegdaten alle durchgeführten Änderungen aufgezeichnet. Sie können im Beleg selbst durch den Aufruf der Befehlsfolge Umfeld → Belegänderungen eingesehen werden. In der hierbei erzeugten Übersicht der geänderten Felder werden durch Doppelklick auf die jeweiligen Feldpositionen weitere Einzelheiten angezeigt.

Zusätzlich bieten SAP ERP und S/4HANA auch eine Änderungsübersicht zu einer größeren Anzahl ausgewählter Belege und mit weiteren Selektionsmöglichkeiten über Buchungskreise und Zeiträume. Zum Aufruf dieser Übersicht stehen zwei Optionen zur Verfügung:

- Infosystem des Hauptbuchs (Rechnungswesen → Finanzwesen → Hauptbuch → Infosystem → Berichte zum Hauptbuch → Beleg → Allgemein → Änderungsanzeige Belege → Änderungsanzeige Belege) oder
- Transaktion **SA38** und Report **RFBABL00**

Der Report ist analog dem Report für Stammdatenänderungen aufgebaut (siehe Kapitel 3.1.5) und sollte für vertiefte Auswertungen aus dem System exportiert werden.

3.2.4 Sonderhauptbuchkennzeichen

Gelegentlich müssen Geschäftsvorfälle in der Debitoren- und Kreditorenbuchhaltung und im Hauptbuch aus bilanziellen oder betriebsinternen Gründen gesondert ausgewiesen werden. So dürfen beispielsweise Anzahlungen nicht mit Forderungen und Verbindlichkeiten aus Lieferungen und Leistungen saldiert werden.

Im SAP-System wird hierbei vor allem für folgende betriebswirtschaftliche Vorgänge eine Sonderbehandlung festgelegt:

- Wechsel,
- Anzahlungen,
- Einzelwertberichtigungen,
- Zinsverbindlichkeiten oder
- Bürgschaften.

Hierfür bietet das SAP-System **Sonderhauptbuchvorgänge** an, die vor allem dazu dienen, für die Verbuchung ein anderes Konto als das im Kreditoren- und Debitorenstammsatz hinterlegte Abstimmkonto zu verwenden. Buchungen auf Sonderhauptbuchkonten werden in der Bilanz separat ausgewiesen.

Sonderhauptbuchvorgänge werden mit speziellen Buchungsschlüsseln verbucht, die durch ein Sonderhauptbuchkennzeichen ergänzt werden. Im SAP-Standardsystem wird beispielsweise das Sonderhauptbuchkennzeichen „A“ im Kontext der Debitorenbuchhaltung für Anzahlungen und im Kontext der Kreditorenbuchhaltung für Anzahlungen auf Umlaufvermögen genutzt. Das Sonderhauptbuchkennzeichen „I“ steht in beiden Nebenbüchern für „Anzahlungen auf immaterielle Wirtschaftsgüter“.

Praxistipp:
Bis auf einzelne Ausnahmen werden Sonderhauptbuchvorgänge auf den Kontokorrentkonten fortgeschrieben, hingegen im Hauptbuch im Unterschied zu den Standardvorgängen auf separate Sonderhauptbuchkonten gebucht.

Im Rahmen der Prüfung kann sich ein Prüfer die Sonderhauptbuchvorgänge über die Kontokorrentkonten ansehen, da sie sowohl auf dem jeweiligen Konto getrennt geführt als auch in der Einzelpostenanzeige getrennt von den Standardvorgängen ausgewiesen werden (Details zur Nutzung Einzelpostenliste finden sich in Kapitel 3.3.3).

Im Hauptbuch lassen sie sich vorgangsspezifisch in den für jeden Sonderhauptbuchvorgang angelegten Sonderhauptbuchkonten einsehen. Welche Konten hierfür angelegt wurden, muss im Customizing eingesehen oder beim Mandanten erfragt werden.

3.3 Prüfungsrelevante Auswertungsmöglichkeiten

3.3.1 Berichte zur Kreditoren- und Debitorenbuchhaltung

Zur Auswertung der Kreditoren- und Debitorenkonten stehen im SAP-Standardmenü verschiedenste Berichte zur Verfügung, die je nach Fragestellung eingesetzt werden können. Sie finden sich entweder im jeweiligen Fachmenü der Kreditoren oder Debitoren oder global unter dem Infosystem des Rechnungswesens.

In den folgenden Beispielen verwenden wir häufig Auswertungen aus dem Kreditorenbereich. Sie sind jedoch analog auch für die Debitoren anwendbar.

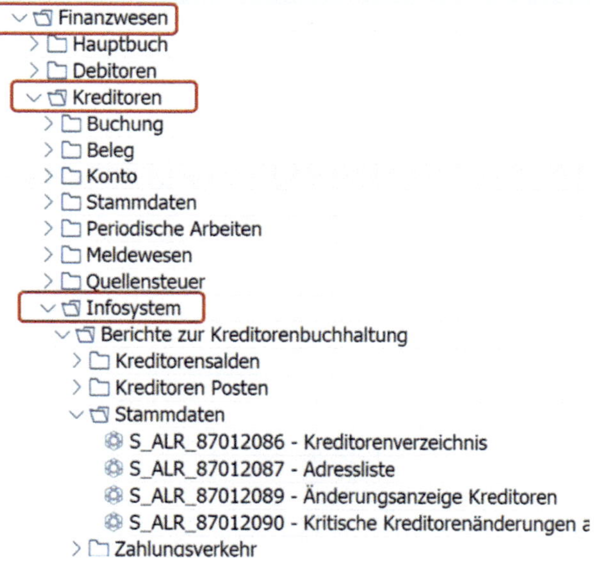

Abb. 3.10 Auswertungsmöglichkeiten zur Kreditorenbuchhaltung (© 2023, SAP SE)

Alternativ zum Aufruf über das jeweilige Menü können Auswertungsprogramme auch direkt mit der Transaktion SA38 über den Reportnamen aufgerufen werden, z.B.:

- RFKKVZ00 / RFDKVZ00 – Kreditoren-/Debitorenverzeichnis
- RFKABL00 / RFDABL00 – Stammdatenänderungen
- RFKUML00 / RFDUML00 – Kreditoren-/Debitorenumsätze
- RFKSLD00 / RFDSLD00 – Kreditoren-/Debitorensalden
- RFKEPL00 / RFDEPL00 – Kreditoren-/Debitoreneinzelpostenliste
- RFDOPR10 – Debitoren nach Saldo der überfälligen Posten
- RFBELJ00/10 – Belegjournal/Beleg-Kompaktjournal

Hinweis:
Über die im Menü angebotenen Auswertungen hinaus liegen in SAP diverse weitere Auswertungsprogramme vor. Diese können am besten direkt über die Reportansicht geprüft und ausgewählt werden. Hierzu wird, wie in Kapitel 1.5 erläutert, mit der Transaktion SA38 und den Begriffen „RFK*“ bzw. „RFD*“ eine generische Suche nach weiteren Auswertungsprogrammen durchgeführt.

Die Ergebnisliste ist sehr umfangreich und kann auch diverse Berichte enthalten, die durch den Prüfer nicht benötigt werden.

Achtung: Unter den im Programmkatalog aufgelisteten Programmen befinden sich auch Programme mit zum Schreiben berechtigenden Funktionen, die Daten verändern können. Solange daher nicht eindeutig erkennbar ist, welche Funktion der Report hat, sollte er nicht ausgeführt werden.

Repository Infosystem: Programme suchen (1291 Treffer)

Programmname	Report-Titel
RFKA11L00_MASS	Liste: Abgabe von Forderungen an externe Inkassobüros
RFKABL00	Änderungsanzeige Kreditoren
RFKABL00_NACC	Änderungsanzeige Kreditoren
RFKANZ00	Auflistung zu einem Stichtag offenen Anzahlungen - Kreditoren
RFKAPO00	Kreditoren Ausgeglichene Posten Liste
RFKAPO00_NACC	Kreditoren Ausgeglichene Posten Liste
RFKBCLOSUREUNDO	Aktivieren aufgelöster Konten
RFKBLIW0	Belgien : BNB : Offene Posten von Lieferanten im Ausland
RFKCON00	Kritische Kreditorenänderungen anzeigen/bestätigen
RFKDF000	EU: Periodische Kursdifferenzbuchungen für payment requests
RFKEPL00	Kreditoren Einzelposten Liste
RFKEPL00_NACC	Kreditoren Einzelposten Liste
RFKFXN20	Auslandzahlung Kreditoren SWIFT-Protokoll.
RFKK_ACC_ADJUSTMENT	Korrekturbuchung bei Einführung neuer Kontierungen
RFKK_ACCOUNT_MAINTAIN	Vertragskonto pflegen im Dialog
RFKK_AGING_ANALYSIS_RUN	Aging-Analyselauf für FI-CA-Belege
RFKK_AGING_DOC_JOB	Technischer Wrapper Aging-Lauf: FI_DOCUMENT

Abb. 3.11 Programme aus dem Kreditorenbereich, Auszug S/4HANA (© 2023, SAP SE)

3.3.2 Saldenlisten

Die Saldenlisten stellen die Forderungen und Verbindlichkeiten aus Geschäftsvorfällen des Unternehmens in Form von Anfangssalden, summierten Bewegungen und Endsalden dar. Hierdurch ist ein Kurzüberblick über die Kontobewegungen seit Beginn eines Jahres möglich.

Saldenlisten werden für verschiedene Fragestellungen herangezogen:

- Zur Abstimmung der Kreditoren- und Debitorenkonten mit den entsprechenden Sachkonten des Hauptbuchs: Hierbei muss a) die Summe aller Debitorensalden mit dem Saldo des Sachkontos „Forderungen aus Lieferungen und Leistungen“ und b) die Summe aller Kreditorensalden mit dem Saldo des Sachkontos „Verbindlichkeiten aus Lieferungen und Leistungen“ übereinstimmen. Konkrete Hinweise zum Abstimmvorgehen finden sich in Kapitel 3.4.2.
- Zur Prüfung auf positive/negative Salden bei Kreditoren/Debitoren: Diese sollten zur Bilanzerstellung umgegliedert sein und dürften nicht mehr auftreten (nähere Hinweise hierzu siehe Kapitel 3.4.4).
- Als Basis für die Einholung von Saldenbestätigungen: Neben weiteren Kriterien kann u.a. auch die Höhe der Salden ein Kriterium sein für die Auswahl der Kreditoren- und Debitorenkonten, zu denen die Saldenbestätigungen eingeholt werden.
- Zu Abstimmzwecken bei einer Datenmigration: Ein zuverlässiges Hilfsmittel bei der Migrationsprüfung ist u.a. die Abstimmung der Saldenlisten des alten Systems mit den Saldenlisten des neuen Systems.
- Darüber hinaus gibt es diverse weitere Einsatzgebiete.

Die Saldenliste wird entweder über das jeweilige Fachmenü Rechnungswesen → Finanzwesen → Kreditoren/Debitoren → Infosystem → Berichte zur Kreditoren-/Debitorenbuchhaltung → Kreditoren-/Debitorensalden oder direkt über die Reports **RFKSLD00 / RFDSLD00** aufgerufen.

Die erzeugte Liste ist nach den korrespondierenden Abstimmkonten sortiert. Hierbei werden alle Konten zu diesem Abstimmkonto mit ihrem Saldovortrag, dem Soll und Haben des Berichtszeitraums sowie dem kumulierten Saldo angezeigt.

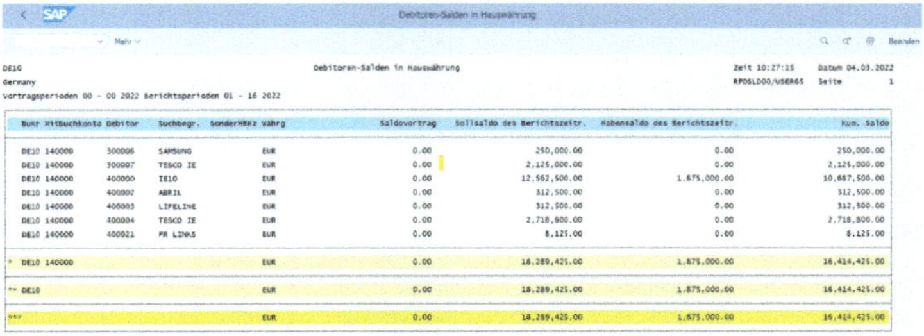

Debitoren-Salden in Hauswährung

Mehr

Beenden

DE10 Debitoren-Salden in Hauswährung Zeit 10:27:15 Datum 04.03.2022
Germany RFDSLD00/USER65 Seite 1
Vortragsperioden 00 - 00 2022 Berichtsperioden 01 - 16 2022

Bukr	Mitbuchkonto	Debitor	Suchbegr.	SonderHBKz	Währg	Saldovortrag	Sollsaldo des Berichtszeitr.	Habensaldo des Berichtszeitr.	Kum. Saldo
DE10	140000	300006	SAMSUNG		EUR	0.00	250,000.00	0.00	250,000.00
DE10	140000	300007	TESCO IE		EUR	0.00	2,125,000.00	0.00	2,125,000.00
DE10	140000	400000	IE10		EUR	0.00	12,562,500.00	1,875,000.00	10,687,500.00
DE10	140000	400002	ABRIL		EUR	0.00	312,500.00	0.00	312,500.00
DE10	140000	400003	LIFELINE		EUR	0.00	312,500.00	0.00	312,500.00
DE10	140000	400004	TESCO IE		EUR	0.00	2,718,800.00	0.00	2,718,800.00
DE10	140000	400021	PR LINKS		EUR	0.00	8,125.00	0.00	8,125.00
* DE10	140000				EUR	0.00	18,289,425.00	1,875,000.00	16,414,425.00
** DE10					EUR	0.00	18,289,425.00	1,875,000.00	16,414,425.00
***					EUR	0.00	18,289,425.00	1,875,000.00	16,414,425.00

Abb. 3.12 Debitorensaldenliste (© 2023, SAP SE)

Bei diesem SAP-Report handelt es sich (auch in S/4HANA) um eine ältere Auswertung, die optisch keine ALV-Grid-Darstellung erlaubt und ein Verzweigen in weitere Details einzelner Konten und Positionen nicht ermöglicht. Jedoch kann die Ausgabe durch verschiedene Ausgabekriterien bei Aufruf der Liste entsprechend gesteuert werden. Der Prüfer kann hierbei z.B. festlegen, ob er normale Salden sehen möchte, Sonderhauptbuchsalden, CpD-Konten, unbebuchte Konten bzw. nur debitorische Kreditoren – oder ob nur die Salden bestimmter Abstimmkonten angezeigt werden sollen.

Zum Aufruf einer detaillierten und komfortablen Saldenübersicht eines einzelnen Kreditors/Debitors wird der Weg über das Fachmenü Rechnungswesen → Finanzwesen → Kreditoren/Debitoren → Konto → Salden anzeigen oder die Transaktion **FK10N / FD10N** gewählt. Die hiermit aufgerufene Übersicht bietet deutlich mehr Möglichkeiten als die Saldenliste über alle Kreditoren hinweg.

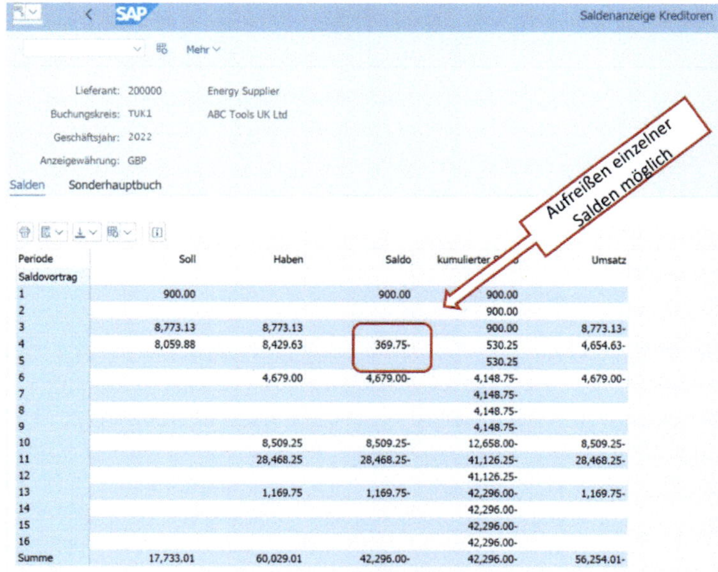

Periode	Soll	Haben	Saldo	kumulierter	Umsatz
Saldovortrag					
1	900.00		900.00	900.00	
2				900.00	
3	8,773.13	8,773.13		900.00	8,773.13-
4	8,059.88	8,429.63	369.75-	530.25	4,654.63-
5				530.25	
6		4,679.00	4,679.00-	4,148.75-	4,679.00-
7				4,148.75-	
8				4,148.75-	
9				4,148.75-	
10		8,509.25	8,509.25-	12,658.00-	8,509.25-
11		28,468.25	28,468.25-	41,126.25-	28,468.25-
12				41,126.25-	
13		1,169.75	1,169.75-	42,296.00-	1,169.75-
14				42,296.00-	
15				42,296.00-	
16				42,296.00-	
Summe	17,733.01	60,029.01	42,296.00-	42,296.00-	56,254.01-

Abb. 3.13 Salden eines einzelnen Kreditorenkontos (© 2023, SAP SE)

Durch Doppelklick auf den jeweiligen Soll-, Haben- oder Saldobetrag werden die zugehörigen Positionen im Detail angezeigt.

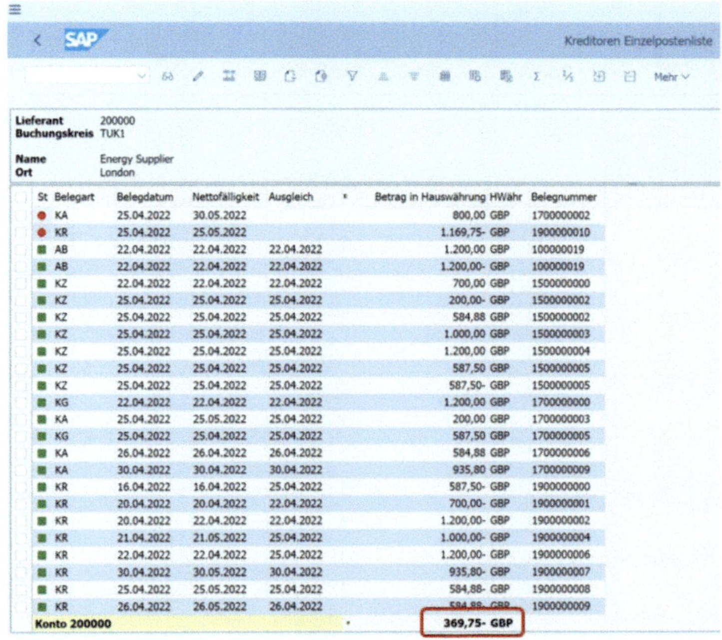

Kreditoren Einzelpostenliste

Mehr

Lieferant	200000
Buchungskreis	TUK1
Name	Energy Supplier
Ort	London

St	Belegart	Belegdatum	Nettofälligkeit	Ausgleich	Betrag in Hauswährung	HWähr	Belegnummer
	KA	25.04.2022	30.05.2022		800,00	GBP	1700000002
	KR	25.04.2022	25.05.2022		1.169,75-	GBP	1900000010
	AB	22.04.2022	22.04.2022	22.04.2022	1.200,00	GBP	100000019
	AB	22.04.2022	22.04.2022	22.04.2022	1.200,00-	GBP	100000019
	KZ	22.04.2022	22.04.2022	22.04.2022	700,00	GBP	1500000000
	KZ	25.04.2022	25.04.2022	25.04.2022	200,00-	GBP	1500000002
	KZ	25.04.2022	25.04.2022	25.04.2022	584,88	GBP	1500000002
	KZ	25.04.2022	25.04.2022	25.04.2022	1.000,00	GBP	1500000003
	KZ	25.04.2022	25.04.2022	25.04.2022	1.200,00	GBP	1500000004
	KZ	25.04.2022	25.04.2022	25.04.2022	587,50	GBP	1500000005
	KZ	25.04.2022	25.04.2022	25.04.2022	587,50-	GBP	1500000005
	KG	22.04.2022	22.04.2022	22.04.2022	1.200,00	GBP	1700000000
	KA	25.04.2022	25.05.2022	25.04.2022	200,00	GBP	1700000003
	KG	25.04.2022	25.04.2022	25.04.2022	587,50	GBP	1700000005
	KA	26.04.2022	26.04.2022	26.04.2022	584,88	GBP	1700000006
	KA	30.04.2022	30.04.2022	30.04.2022	935,80	GBP	1700000009
	KR	16.04.2022	16.04.2022	25.04.2022	587,50-	GBP	1900000000
	KR	20.04.2022	20.04.2022	22.04.2022	700,00-	GBP	1900000001
	KR	20.04.2022	22.04.2022	22.04.2022	1.200,00-	GBP	1900000002
	KR	21.04.2022	21.05.2022	25.04.2022	1.000,00-	GBP	1900000004
	KR	22.04.2022	22.04.2022	25.04.2022	1.200,00-	GBP	1900000006
	KR	30.04.2022	30.05.2022	30.04.2022	935,80-	GBP	1900000007
	KR	25.04.2022	25.05.2022	25.04.2022	584,88-	GBP	1900000008
	KR	26.04.2022	26.05.2022	26.04.2022	584,88-	GBP	1900000009
	Konto 200000				**369,75-**	**GBP**	

Abb. 3.14 Positionen eines Kreditorenkontos nach Aufriss der Saldenübersicht (© 2023, SAP SE)

Die Einstellung für die Listenansicht und -darstellung erfolgt unter Mehr → Einstellungen.

3.3.3 Einzelpostenlisten

Während über die Saldenliste lediglich der Saldo von Konten ersichtlich ist, können zu gewünschten Personenkonten mithilfe der Einzelpostenlisten auch die in der Ergebnisrechnung gebuchten Einzelposten über einen gewählten Zeitraum angezeigt werden.

Es gibt verschiedene Möglichkeiten zum Aufruf der Einzelposten eines Kontos oder mehrerer Konten, wobei die im Folgenden aufgezeigten Varianten 3 und 4 die komfortabelsten Möglichkeiten zur Ausgabesteuerung bieten.

		Kreditoren	Debitoren
1	Menüpfad	Rechnungswesen → Finanzwesen → Kreditoren → Konto → Posten anzeigen/ändern	Rechnungswesen → Finanzwesen → Debitoren → Konto → Posten anzeigen/ändern
2	Transaktion	FBL1 oder FBL1N	FBL5 oder FBL5N
3	Menüpfad	Rechnungswesen → Finanzwesen → Kreditoren → Infosystem → Berichte zur Kreditorenbuchhaltung → Kreditoren Posten → Kreditoren Einzelposten Liste	Rechnungswesen → Finanzwesen → Debitoren → Infosystem → Berichte zur Debitorenbuchhaltung → Debitoren Posten → Debitoren Einzelposten Liste
4	Report	Transaktion SA38 und RFKEPL00	Transaktion SA38 und RFDEPL00

Tab. 3.1 Möglichkeiten zum Aufruf von Einzelpostenlisten

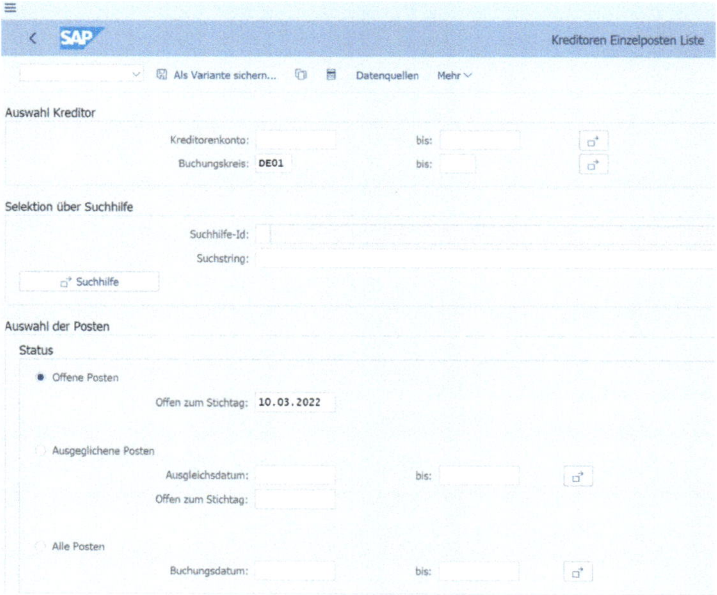

Abb. 3.15 Auswahlfenster einer Einzelpostenliste, vgl. Variante 3 und 4 in der Tabelle 3.1 (© 2023, SAP SE)

Je nach Fragestellung ist die Sicht auf ein einzelnes Konto, mehrere oder alle Konten möglich und es kann ausgewählt werden, ob

- nur die offenen Posten zu einem bestimmten Stichtag (z.B. im Rahmen einer Cut-off-Prüfung oder zur Abstimmung mit dem Hauptbuch),
- ausgeglichene Posten,
- ausgeglichene Posten, die jedoch zu einem bestimmten Zeitpunkt noch offen waren (z.B. bei der Abschreibung von Forderungen),
- alle Posten (z.B. für die Extraktion von Posten zur Datenanalyse) oder
- alle Posten, aber beschränkt auf einen Buchungszeitraum

angezeigt werden sollen.

Weiterhin können die angezeigten Positionen auf ein bestimmtes Abstimmkonto eingegrenzt oder verschiedene Anzeigevarianten ausgewählt werden. Über das Menü Mehr → Einstellungen → Layout → Ändern können weitere Felder eingeblendet werden.

Die anschließend angezeigte Übersicht listet alle Positionen eines Kontos auf, die wiederum nach den im Hauptbuch bebuchten Abstimmkonten sortiert sind.

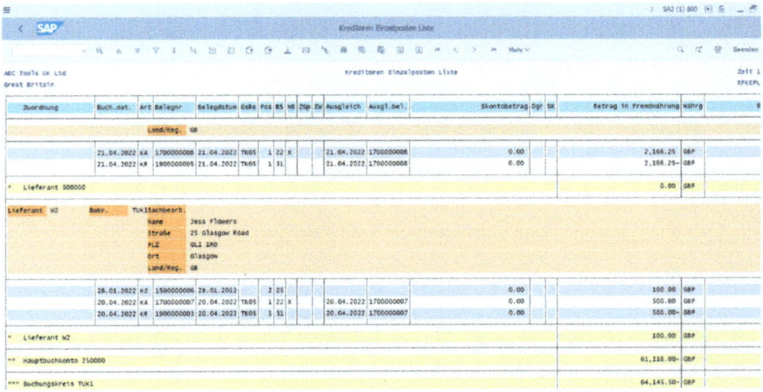

Abb. 3.16 Kreditoreneinzelpostenliste (© 2023, SAP SE)

Innerhalb dieser Liste ist die detaillierte Betrachtung einzelner Positionen per Doppelklick auf eine ausgewählte Positionszeile nicht möglich. Aber über die Symbole am oberen Bildschirmrand können Sortierungen, Filterungen, Zwischensummierungen und Layoutänderungen vorgenommen werden.

Je nach Art der Einzelpostenliste (Variante 1 und 2 aus Tabelle 3.1) wird durch ein grünes oder rotes Statussymbol angezeigt, ob Positionen ausgeglichen oder noch offen sind. Auch die Felder „Ausgleichsdatum" oder „Ausgleichsbeleg" zeigen an, ob ein Beleg ausgeglichen ist: Wenn ja, sind hier das Datum des Ausgleichs (Zahlungsein- oder -ausgang) sowie die Ausgleichsbelegnummer angegeben.

Die Einzelpostenliste kann im Rahmen der Jahresabschlussprüfung zur Beantwortung verschiedener Fragestellungen herangezogen werden (siehe Kapitel 3.4.) und die Selektionskriterien lassen sich durch freie Abgrenzungen (siehe Kapitel 6.3.1) erheblich erweitern.

3.3.4 Altersstruktur der offenen Forderungen

Im Rahmen der Prüfung zur Werthaltigkeit offener Forderungen oder der Prüfung des Mahnprozesses eines Unternehmens ist es erforderlich, einen Überblick über das Alter der offenen Forderungen zu erhalten. Hierzu bietet das SAP-System im Umfeld der Debitorenbuchhaltung eine Altersstrukturanalyse an, die alle offenen Forderungen nach ihrer Fälligkeit strukturiert.

Der Aufruf der Altersstrukturanalyse erfolgt im Debitorenmenü über den folgenden Pfad:

- SAP-Menü → Rechnungswesen → Finanzwesen → Debitoren → Infosystem → Debitoren Posten → OP-Analyse nach Saldo der überfälligen Posten
- oder über Aufruf des Reports **RFDOPR10**.

Über diverse Auswahlkriterien können Debitoren ein- oder ausgeschlossen, Abstimmkonten ausgewählt, Datumsbegrenzungen und weitere Eingrenzungen vorgenommen werden.

Wesentlich für eine übersichtliche Anzeige der Altersstrukturübersicht ist jedoch die Ausgabesteuerung. Hier haben sich für eine übersichtliche Anzeige je Debitor die in der folgenden Abbildung aufgezeigten Werte 1 – 6 – 1 für die Rasterung bewährt. Je nach Unternehmensbranche, Zahlungszielen und Zahlverhalten der Kunden macht ein Fälligkeitsraster von 90 – 180 – 360 und 720 Tagen Sinn.

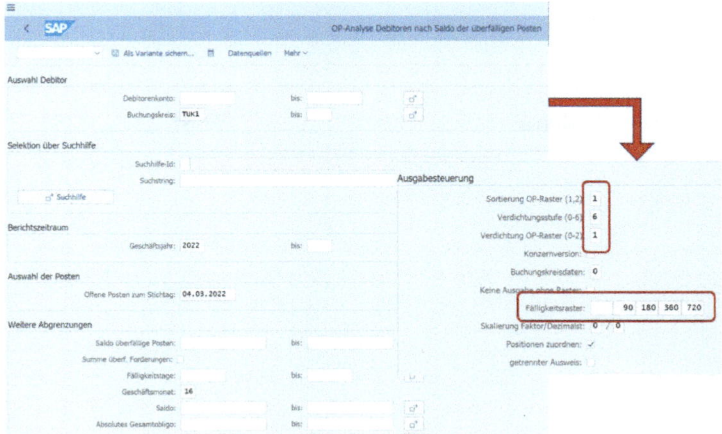

Abb. 3.17 Ausgabesteuerung für die Altersstrukturanalyse offener Forderungen (© 2023, SAP SE)

Die anschließend erzeugte Übersicht listet für das gewählte Geschäftsjahr und den gewählten Stichtag je Kunde den im jeweiligen Intervall vorliegenden Saldo sowie den Gesamtsaldo aller fälligen Positionen auf.

Die Qualität der Auswertungen in SAP ERP, aber auch in S/4HANA, ist, bezogen auf die Ansichtsoptionen und die Möglichkeiten der Weiterbearbeitung von Listen, generell sehr unterschiedlich. Leider bietet die Altersstrukturliste kaum weitere Möglichkeiten, das Layout zu beeinflussen oder auf Einzelpositionen zu verzweigen. Für die Weiterbearbeitung – wie beispielsweise eine Sortierung nach den höchsten Salden – muss die Liste daher exportiert und in eine andere Software übernommen werden. Hinweise zum Datenexport finden sich in Kapitel 6.4.

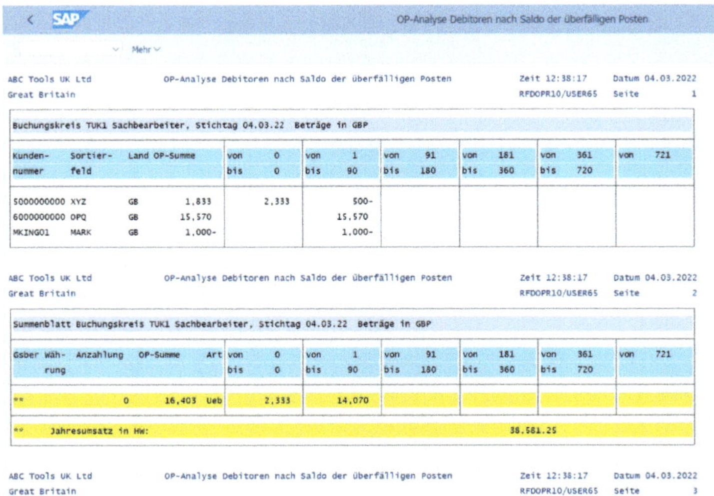
OP-Analyse Debitoren nach Saldo der überfälligen Posten

Mehr

ABC Tools UK Ltd OP-Analyse Debitoren nach Saldo der überfälligen Posten Zeit 12:38:17 Datum 04.03.2022
Great Britain RFDOPR10/USER65 Seite 1

Buchungskreis TUK1 Sachbearbeiter, Stichtag 04.03.22 Beträge in GBP

Kunden-nummer	Sortier-feld	Land	OP-Summe	von 0 bis 0	von 1 bis 90	von 91 bis 180	von 181 bis 360	von 361 bis 720	von 721
5000000000	XYZ	GB	1,833	2,333	500-				
6000000000	OPQ	GB	15,570		15,570				
MKING01	MARK	GB	1,000-		1,000-				

ABC Tools UK Ltd OP-Analyse Debitoren nach Saldo der überfälligen Posten Zeit 12:38:17 Datum 04.03.2022
Great Britain RFDOPR10/USER65 Seite 2

Summenblatt Buchungskreis TUK1 Sachbearbeiter, Stichtag 04.03.22 Beträge in GBP

Gsber	Wäh-rung	Anzahlung	OP-Summe	Art	von 0 bis 0	von 1 bis 90	von 91 bis 180	von 181 bis 360	von 361 bis 720	von 721
**		0	16,403	Ueb	2,333	14,070				

** Jahresumsatz in HW: 38.581.25

ABC Tools UK Ltd OP-Analyse Debitoren nach Saldo der überfälligen Posten Zeit 12:38:17 Datum 04.03.2022
Great Britain RFDOPR10/USER65 Seite 3

Abb. 3.18 Altersstruktur der offenen Forderungen (© 2023, SAP SE)

3.4 Jahresabschlussrelevante Vorgänge und Prüfungshandlungen für Kreditoren und Debitoren

3.4.1 Fragestellungen im Rahmen der Jahresabschlussprüfung

Im Rahmen der Jahresabschlusstätigkeiten sind durch den Mandanten als Vorbereitung der Bilanz verschiedene Tätigkeiten durchzuführen, in denen das SAP-System unterstützende Funktionen anbietet. Hierunter fallen z.B. die Prozesse:

- Abstimmung von Haupt- und Nebenbüchern
- Qualitätsprüfung der Stammdaten
- Rastern und Umbuchen von Forderungen und Verbindlichkeiten
- Abgrenzungsbuchungen
- Dauerbuchungen
- Fremdwährungsbewertungen
- Wertberichtigungen

Einzelne Prozesse sowie die Möglichkeiten des Abschlussprüfers, diese nachzuvollziehen und zu prüfen, sollen in den folgenden Kapiteln exemplarisch aufgeführt werden.

3.4.2 Abstimmung von Haupt- und Nebenbüchern

Da es sich bei SAP ERP um ein integriertes System handelt, in welchem alle Bewegungen des Nebenbuchs automatisch im Hauptbuch fortgeschrieben werden, wird häufig davon ausgegangen, dass es zwischen diesen nicht zu Abweichungen kommen kann und eine Abstimmung zwischen Neben- und Hauptbuch obsolet sei.

In S/4HANA wurde, wie bereits aufgeführt, die neue Summentabelle (ACDOCA) eingeführt, die sowohl Bewegungs- als auch Stammdaten beinhaltet und auch „Universal Journal" genannt wird. Hierdurch entfällt die Abstimmung der Haupt- und Nebenbücher, da es nur noch eine Datenquelle gibt.

Zumindest für SAP ERP ist diese Annahme nicht richtig und SAP weist selbst darauf hin, dass unter verschiedenen Konstellationen Differenzen auftreten können, z.B. durch:

- unterjährige Änderung eines Abstimmkontos für Debitoren oder Kreditoren,
- nicht durchgeführte Saldenvorträge im Haupt- oder Nebenbuch,
- manuelle Bebuchung der Abstimmkonten, die für das Vertragskontokorrent benutzt werden,
- Abbruch von Verbuchungen aufgrund technischer Probleme sowie
- Währungs- oder Rundungsdifferenzen.

Eine regelmäßige Abstimmung zwischen Nebenbüchern und Hauptbuch ist daher in jedem Fall in SAP ERP erforderlich, um Differenzen zeitnah feststellen zu können. Auch für S/4HANA sollten diese Abstimmhandlungen durchgeführt werden, denn spätestens im Rahmen der Bilanzerstellung müssen die Ursachen für mögliche Differenzen ermittelt und behoben worden sein.

Für die Abstimmung können die in den Kapiteln 3.3.2 und 3.3.3 aufgeführten Salden- und Einzelposten-Listen eingesetzt werden und der Abstimmung mit den entsprechenden Hauptbuchkonten dienen. Hierbei müssen die Summen aller Debitorensalden bzw. offenen Forderungen mit den Salden der Sachkonten für „Forderungen aus Lieferungen und Leistungen" übereinstimmen, die Summe aller Kreditorensalden bzw. offenen Verbindlichkeiten mit den Salden der Sachkonten für „Verbindlichkeiten aus Lieferungen und Leistungen". Bei Verwendung mehrerer

Abstimmkonten sind entsprechend die verschiedenen Sachkonten im Hauptbuch zu prüfen.

Für den Abgleich sollten die folgenden Listen herangezogen werden:

	Hauptbuch	Kreditoren	Debitoren
Bilanz/ GuV	**Menü** Rechnungswesen → Finanzwesen → Hauptbuch → Infosystem → Berichte zum Hauptbuch → Bilanz/GuV → Ist/ Ist-Vergleiche → Bilanz/GuV Oder Transaktion **SA38** und Report **RFBILA00**		
Saldenlisten		**Menü** Rechnungswesen → Finanzwesen → Kreditoren → Infosystem → Berichte zur Kreditorenbuchhaltung → Kreditorensalden → Kreditorensalden in Hauswährung Oder Transaktion **SA38** und Report **RFKSLD00**	**Menü** Rechnungswesen → Finanzwesen → Debitoren → Infosystem → Berichte zur Debitorenbuchhaltung → Debitorensalden → Debitorensalden in Hauswährung Oder Transaktion **SA38** und Report **RFDSLD00**
Offene Posten		**Menü** Rechnungswesen → Finanzwesen → Kreditoren → Infosystem → Berichte zur Kreditorenbuchhaltung → Kreditorenposten → Kreditoren Einzelpostenliste Oder Transaktion **SA38** und Report **RFKEPL00**	**Menü** Rechnungswesen → Finanzwesen → Debitoren → Infosystem → Berichte zur Debitorenbuchhaltung → Debitorenposten → Debitoren Einzelpostenliste Oder Transaktion **SA38** und Report **RFDEPL00**

Tab. 3.2 Benötigte Listen für die Abstimmung zwischen Haupt- und Nebenbüchern

Innerhalb der erhaltenen Listen müssen nun die Beträge der entsprechenden Sach- bzw. Abstimmkonten übereinstimmen.

Beispiel

Als Erstes werden in der Bilanz/GuV die Verbindlichkeitskonten gesichtet.

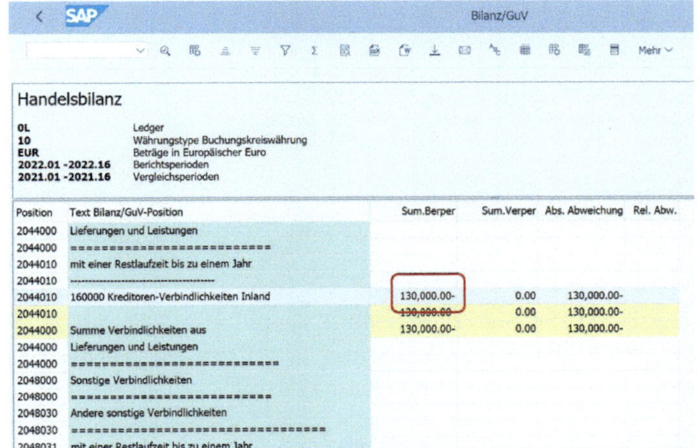

Bilanz/GuV

Handelsbilanz

0L	Ledger
10	Währungstype Buchungskreiswährung
EUR	Beträge in Europäischer Euro
2022.01 -2022.16	Berichtsperioden
2021.01 -2021.16	Vergleichsperioden

Position	Text Bilanz/GuV-Position	Sum.Berper	Sum.Verper	Abs. Abweichung	Rel. Abw.
2044000	Lieferungen und Leistungen				
2044000	==========================				
2044010	mit einer Restlaufzeit bis zu einem Jahr				
2044010	--				
2044010	160000 Kreditoren-Verbindlichkeiten Inland	130,000.00-	0.00	130,000.00-	
2044010		130,000.00-	0.00	130,000.00-	
2044000	Summe Verbindlichkeiten aus	130,000.00-	0.00	130,000.00-	
2044000	Lieferungen und Leistungen				
2044000	==========================				
2048000	Sonstige Verbindlichkeiten				
2048000	==========================				
2048030	Andere sonstige Verbindlichkeiten				
2048030	=================================				
2048031	mit einer Restlaufzeit bis zu einem Jahr				

Abb. 3.19 Bilanz/GuV: Summe Kreditoren-Verbindlichkeiten Konto 160000 (© 2023, SAP SE)

Der Betrag der Bilanz/GuV wird nun auf der Saldenliste verifiziert.

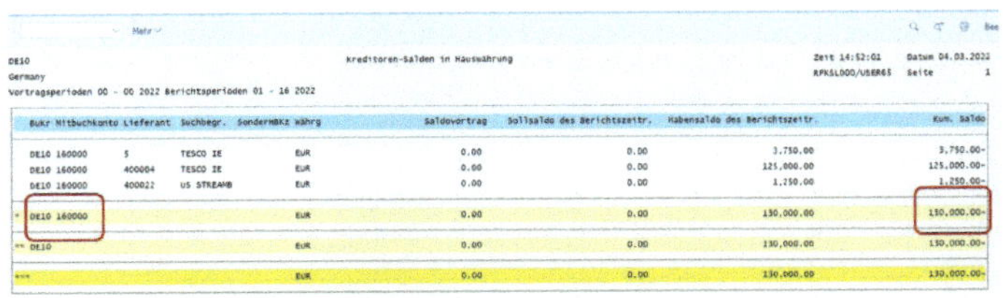

DE10 Kreditoren-Salden in Hauswährung Zeit 14:52:01 Datum 04.03.2022
Germany RPKSLD00/USER65 Seite 1
Vortragsperioden 00 - 00 2022 Berichtsperioden 01 - 16 2022

	Bukr	Mitbuchkonto	Lieferant	Suchbegr.	SonderHBKz	Währg	Saldovortrag	Sollsaldo des Berichtszeitr.	Habensaldo des Berichtszeitr.	Kum. Saldo
	DE10	160000	5	TESCO IE		EUR	0.00	0.00	3.750.00	3.750.00-
	DE10	160000	400004	TESCO IE		EUR	0.00	0.00	125.000.00	125.000.00-
	DE10	160000	400022	US STREAMB		EUR	0.00	0.00	1.250.00	1.250.00-
*	DE10	160000				EUR	0.00	0.00	130,000.00	130,000.00-
**	DE10					EUR	0.00	0.00	130,000.00	130,000.00-
***						EUR	0.00	0.00	130,000.00	130,000.00-

Abb. 3.20 Saldenliste: Summe Kreditorensalden Konto 160000 (© 2023, SAP SE)

Im Anschluss wird der Betrag mit den offenen Verbindlichkeiten abgestimmt.

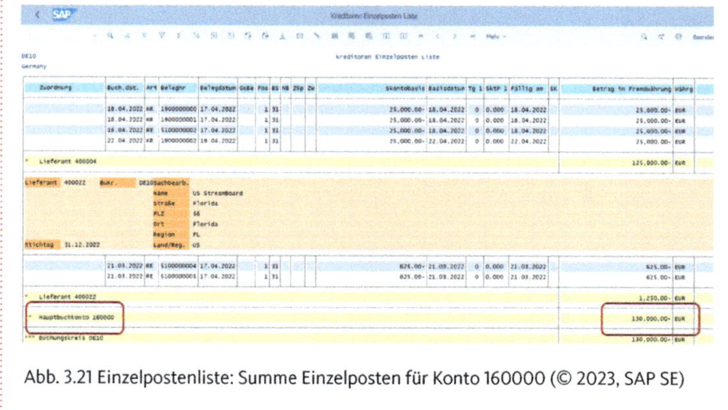

Abb. 3.21 Einzelpostenliste: Summe Einzelposten für Konto 160000 (© 2023, SAP SE)

Festgestellte Differenzen sind durch den Mandanten zu bereinigen. Hierbei ist zu prüfen, ob die Differenzen in den Belegen des Nebenbuchs oder auf den Konten des Hauptbuchs entstanden sind und woraus sie resultieren.

Hinweis:
Konkrete Transaktionen oder Reports, die dem Mandanten und auch dem Prüfer den manuellen Abgleich der genannten drei Listen abnehmen, bietet SAP ERP für die Abstimmung der Kreditoren und Debitoren mit dem Hauptbuch nicht an.

In SAP ERP bietet das **Abschlussmenü** für Debitoren und Kreditoren eine Funktion an zur Abstimmung der Soll- und Habenverkehrszahlen der Debitorenkonten, Kreditorenkonten und Sachkonten mit den Soll- und Habensummen der gebuchten Belege sowie der Soll- und Habenverkehrszahlen der Debitorenkonten, Kreditorenkonten und Sachkonten mit den Soll- und Habensummen der Anwendungsindizes.

Ist im SAP-ERP-System das neue Hauptbuch noch nicht eingeführt, kann hierfür über die Transaktion **F.03** der Abstimmreport **SAPF190** aufgerufen werden. Im neuen Hauptbuch wird die Transaktion **FAGLF03** und der hiermit verknüpfte Report **TFC_COMPARE_VZ** eingesetzt.

In SAP S/4HANA gibt es diese Abstimmprogramme nicht mehr, da es hier aufgrund der gemeinsamen ACDOCA-Tabelle nicht mehr zu Differenzen kommen soll.

3.4.3 Abgleich von Stammdaten

Kreditorenstammsätze können sowohl in der Finanzbuchhaltung als auch im Einkauf (Materialwirtschaft) angelegt und gepflegt werden. Dies kann dazu führen, dass Kreditorenkonten z.B. in der Finanzbuchhaltung und nicht im Einkauf angelegt sind und umgekehrt.

Bei den Daten der Kunden verhält es sich analog und Debitorenstammsätze werden sowohl in der Finanzbuchhaltung als auch im Vertrieb angelegt und gepflegt. Hieraus kann ebenfalls resultieren, dass Debitorenkonten in der Finanzbuchhaltung, jedoch nicht im Vertrieb angelegt sind (und umgekehrt).

Ein Stammdatenabgleich dient der Anzeige der unterschiedlich gepflegten Kreditorenkonten in der Finanzbuchhaltung und im Einkauf bzw. der Debitorenkonten und des Vertriebs. Er soll sicherstellen, dass die jeweiligen Stammdaten beiden Bereichen zugänglich sind und keine unvollständigen Datensätze in großem Umfang im System vorliegen.

Der Abgleich der Stammdaten kann für Kreditorendaten aus der Kreditorensicht oder der Einkaufssicht und für Debitorendaten aus dem Debitorenmenü oder aus dem Vertriebsmenü heraus aufgerufen werden.

	Kreditor	**Debitor**
Menü	Rechnungswesen → Finanzwesen → Kreditoren → Stammdaten → Abgleichen → Einkauf – Buchhalt.	Rechnungswesen → Finanzwesen → Debitoren → Stammdaten → Abgleichen → Vertrieb – Buchhalt.
Transaktion	F.48	F.2D

Tab. 3.3 Abgleich Kreditoren-/Debitorenstammdaten mit Einkaufs-/Vertriebsstammdaten

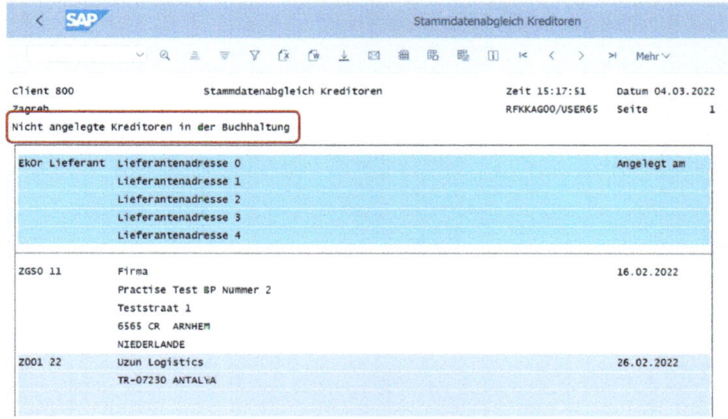

Abb. 3.22 Stammdatenabgleich Kreditoren – Einkauf (© 2023, SAP SE)

Diese Prüfung sollte einmal jährlich durch den Mandanten durchgeführt werden, um eine durchgängige Qualität der Stammdaten sicherstellen und ungepflegte Stammdatensätze vermeiden zu können. Aber auch der Abschlussprüfer kann diese Abfrage im Rahmen seiner Prüfungstätigkeit durchführen, um einen Eindruck von der Datenqualität seines Mandanten zu gewinnen.

3.4.4 Rastern und Umbuchen der Forderungen und Verbindlichkeiten

Vor der Erstellung der Bilanz und GuV sind für die Forderungen und Verbindlichkeiten verschiedene Korrekturbuchungen erforderlich, damit diese korrekt ausgewiesen werden. Zum einen ist eine Rasterung nach **Restlaufzeiten** und zum anderen eine Umbuchung der **debitorischen Kreditoren und kreditorischen Debitoren** notwendig. Die Hintergründe und die Vorgehensweise hierzu sollen im Folgenden kurz erläutert werden.

Gemäß **§ 268 Abs. 4 und 5 HGB** müssen sowohl bei Forderungen als auch bei Verbindlichkeiten die Fälligkeiten so aufgeteilt werden, dass erkennbar ist, welche bis zu einem Jahr und welche mehr als ein Jahr in der Zukunft liegen. Nach **§ 285 Nr. 1a HGB** sind im Anhang auch die Verbindlichkeiten mit einer Restlaufzeit von mehr als 5 Jahren anzugeben.

Damit diese Rasterung der offenen Posten automatisiert durchgeführt werden kann, muss über das Customizing eine entsprechende Rastermethode eingepflegt sein. Hierzu können durch den Mandanten entweder eigene Rastermethoden oder die in SAP ERP und S/4HANA vorhandene Standard-Rastermethode „SAP“ eingesetzt werden, die der Bilanzrichtlinie EG93 entspricht. Diese sieht folgende Rasterung vor:

	Forderungen	**Verbindlichkeiten**
Restlaufzeit	kleiner als 1 Jahr	kleiner als 1 Jahr
	größer als 1 Jahr	1 bis 5 Jahre
		größer als 5 Jahre

Tab. 3.4 Standardrasterung in SAP ERP nach Rastermethode EG93

Über die Anforderung der Rasterung hinaus dürfen gemäß **§ 246 Abs. 2 HGB** in der Bilanz Posten der Aktivseite nicht mit Posten der Passivseite verrechnet werden. Würden innerhalb des Jahresabschlusses Kreditorenkonten mit Sollsaldo und mit Habensaldo auf dem Konto „Verbindlichkeiten aus Lieferungen und Leistungen“ zusammengefasst, käme es zu dieser nicht zulässigen gegenseitigen Verrechnung der Salden.

Gleiches gilt für die Debitorenkonten. Hier dürfen die Debitoren mit einem Habensaldo nicht mit den Debitoren mit einem Sollsaldo gemeinsam auf dem Konto „Forderungen aus Lieferungen und Leistungen“ verrechnet werden.

Aus diesem Grund ist durch das Unternehmen vor der Erstellung der Bilanz eine Umbuchung dieser Positionen erforderlich und debitorische Kreditoren sind als Forderung, kreditorische Debitoren als Verbindlichkeit auszuweisen.

Beide Funktionen – das Umbuchen und Rastern der Forderungen und Verbindlichkeiten – bieten SAP ERP und SAP S/4HANA über das jeweilige Fachmenü Rechnungswesen → Finanzwesen → Debitoren/ Kreditoren → Periodische Arbeiten → Abschluss → Umgliedern an. Wahlweise ist die Funktion auch aufrufbar über

- die Transaktion **F101** (altes Hauptbuch, nur SAP ERP),
- die Transaktion **FAGLF101** (neues Hauptbuch, SAP ERP und S/4HANA),

- den Report **SAPF101** (altes Hauptbuch, nur SAP ERP) oder
- den Report **FAGL_CL_REGROUP** (neues Hauptbuch, SAP ERP und S/4HANA).

Das Programm analysiert alle Konten, die mit Offene-Posten-Verwaltung geführt werden, und führt folgende Funktionen aus:

- Forderungen und Verbindlichkeiten werden nach Restlaufzeiten gegliedert und es wird festgestellt, welche Korrekturbuchungen notwendig sind.
- Diese Buchungen werden dann pro Hauptbuchkonto, Geschäftsbereich und Währung in eine Batch-Mappe eingestellt.
- Die Salden der Kontokorrentkonten werden analysiert und ermittelt, welche Korrekturbuchungen erforderlich sind.
- Erforderliche Umbuchungen werden generiert und in eine Batch-Mappe eingestellt.
- Für jede erzeugte Umbuchung wird für beide Vorgänge auch eine Rücknahmebuchung in die Mappe eingestellt.

Als Voraussetzung für die Durchführung der gewünschten Korrekturbuchungen müssen die entsprechenden Korrekturkonten zum Ausweis der Forderungen und Verbindlichkeiten nach Restlaufzeiten sowie kreditorischer Debitoren oder debitorischer Kreditoren im System hinterlegt sein.

Im Ergebnis des Umbuchungslaufs liefert das Programm drei Listen:

- eine Hauptliste, in der die gelesenen und gerasterten Posten ausgewiesen werden,
- eine Buchungsliste, die die eingestellten Buchungen der Batch-Input-Mappe aufführt,
- eine Meldungsliste mit Fehlern und anderen Vorkommnissen.

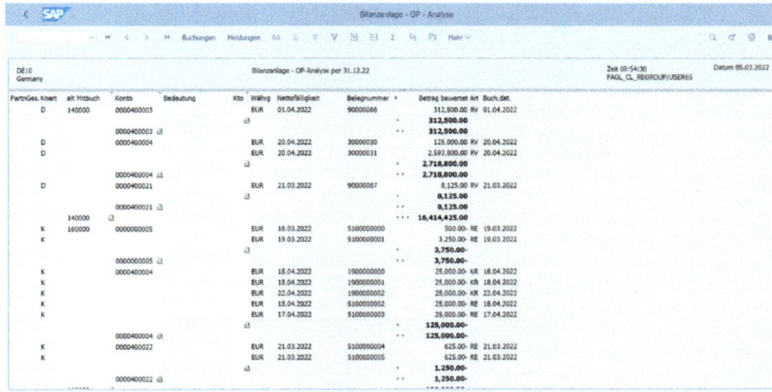

Abb. 3.23 Umgliedern – Hauptliste mit gelesenen und gerasterten Posten (© 2023, SAP SE)

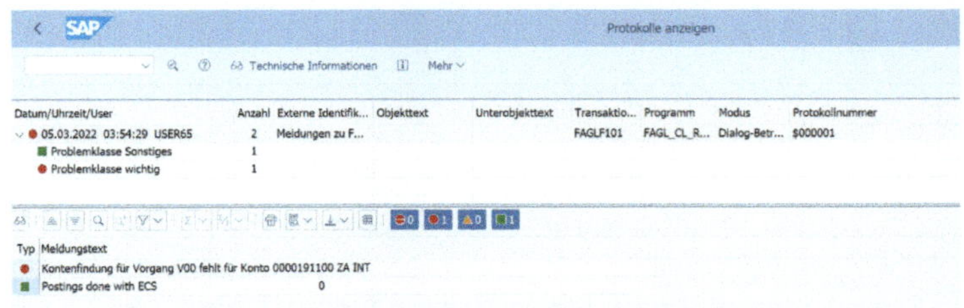

Abb. 3.24 Umgliedern – Meldungsliste mit Fehlern und anderen Vorkommnissen (© 2023, SAP SE)

Die Batch-Input-Mappe mit den Umbuchungen ist im Anschluss auszuführen.

Die vorgestellten Funktionen sowie die Umbuchungen müssen zwingend durch den Mandanten ausgeführt werden. Der Abschlussprüfer kann diese Durchführung jedoch im Nachgang in folgenden Schritten prüfen:

1. **Aufnahme des Prozesses zum Umbuchen beim Mandanten**
   Es sollte geprüft werden, ob der Umgliederungsprozess dokumentiert ist, ob er in einen Gesamtprozess eingebunden ist und ob hierin Kontrollen vorgesehen sind, die die vollständige Umbuchung und Rückbuchung der Positionen sicherstellen.

2. **Prüfung auf Verbuchung der erzeugten Batch-Mappe**
   Im System kann geprüft werden, ob die entsprechende Batch-Mappe auch verbucht wurde. Hierzu sollte der Prüfer beim Mandanten erfragen, unter welchem Namen die Batch-Mappe erstellt wurde. Vom System wird für die Mappenbenennung eine Standardbezeichnung vorgegeben (SAPF101 – altes Hauptbuch, FAGL_CL_REGR – neues Hauptbuch), die jedoch vom Mandanten überschrieben werden kann.
   Durch Aufruf der Transaktion **SM35** – Batch-Input: Mappenübersicht kann die Verarbeitung der Batch-Mappen geprüft werden. Hierbei kann entweder auf den Mappennamen oder das Buchungsdatum eingegrenzt werden. Anhand des Status ist ersichtlich, ob die Mappe verbucht wurde und ob die Verbuchung ohne Fehler erfolgte.

3. **Prüfung der Buchungen, die über die Batch-Mappe erzeugt wurden**
   Eine Prüfung der erfolgten Buchungen kann über das Beleg-Kompaktjournal erfolgen und dieses wird entweder über das Fachmenü des Hauptbuchs Rechnungswesen → Finanzwesen → Hauptbuch → Infosystem → Berichte zum Hauptbuch → Beleg → Allgemein → Beleg-Kompaktjournal oder direkt über die Transaktion SA38 und den Report **RFBELJ00** aufgerufen. Hierbei sollte auf das Buchungsdatum 31.12. aktuelles Geschäftsjahr bis 01.01. Folge-Geschäftsjahr und den Namen der Batch-Mappe (Freie Abgrenzungen → Mappenname, siehe Kapitel 6.3.1) eingegrenzt werden. Bei abweichendem Geschäftsjahr wird das Buchungsdatum auf den letzten Tag des Geschäftsjahres und den ersten Tag des Folge-Geschäftsjahres eingrenzt.

4. **Prüfung der Kreditoren- und Debitorensalden zum Stichtag**
   Über eine Prüfung der Kreditorensalden zum Bilanzstichtag des aktuellen Geschäftsjahres kann festgestellt werden, ob nach wie vor Kreditoren mit einem Sollsaldo vorliegen. Entsprechend können auch die Debitorenkonten auf einen Habensaldo geprüft werden. Hierfür werden die Saldenlisten aus Kapitel 3.3.2 eingesetzt.

5. **Sichtung der bebuchten Hauptbuchkonten**
   Die Korrekturkonten können eingesehen und die Buchungen überprüft werden. Hierzu müssen die entsprechenden Konten im Kontenplan verifiziert oder beim Mandanten erfragt werden.

3.4.5 Abgrenzungsbuchungen

Gemäß § 252 Abs. 1 HGB sind Aufwendungen und Erträge des Geschäftsjahrs unabhängig von den Zeitpunkten der entsprechenden Zahlungen im Jahresabschluss zu berücksichtigen. Eine Rechnungsabgrenzung trifft daher diejenigen Geschäftsvorfälle, bei denen Lieferung und Leistung (und damit der Zeitpunkt des Gefahrenübergangs) und die Zahlung nicht periodengleich stattfinden.

Für diese Geschäftsvorfälle legt § 250 Abs. 1 HGB fest, dass Ausgaben vor dem Abschlussstichtag, soweit sie Aufwand für eine bestimmte Zeit nach diesem Tag darstellen auf der Aktivseite als Rechnungsabgrenzungsposten auszuweisen sind. Nach § 250 Abs. 2 HGB sind Einnahmen vor dem Abschlussstichtag, soweit sie den Ertrag für eine bestimmte Zeit nach diesem Tag darstellen, auf der Passivseite als Rechnungsabgrenzungsposten auszuweisen.

Die folgende Tabelle soll vereinfacht die Behandlung der verschiedenen Leistungs- und Zahlungszeitpunkte für Forderungen und Verbindlichkeiten aus Sicht des geprüften Unternehmens darstellen. Darüber hinaus gibt es diverse weitere Spezialfälle, die hier nicht weiter vertieft werden.

	Zahlung	Leistung	Beispiel	Behandlung
Forderungen	Im neuen Jahr	Im alten Jahr	Forderungen aus Lieferungen und Leistungen, Zinserträge für das alte Jahr, die erst im neuen Jahr zur Zahlung fällig werden	Sonstige Forderungen (Aktivseite)
Forderungen	Im alten Jahr	Im neuen Jahr	Vorauszahlungen von Kunden, wie z.B. Beiträge Fitnessstudio, Wartungsverträge, Kfz-Versicherungen	Passive Rechnungsabgrenzung
Verbindlichkeiten	Im neuen Jahr	Im alten Jahr	Verbindlichkeiten aus Lieferungen und Leistungen, Darlehnszinsen, Provisionen	Sonstige Verbindlichkeiten (Passivseite)
Verbindlichkeiten	Im alten Jahr	Im neuen Jahr	Versicherungsbeiträge, Mietvorauszahlungen, Wartungsverträge	Aktive Rechnungsabgrenzung

Tab. 3.5 Verschiedene Konstellationen für die Rechnungsabgrenzung

Das eingesetzte SAP-System unterstützt das Unternehmen bei der maschinellen Ermittlung der Rechnungsabgrenzungspositionen und deren Verbuchung. Hierfür ist in den Customizing-Einstellungen eine umfangreiche Parametrisierung durch den Mandanten erforderlich, damit das System die Abgrenzungsbeträge für abzugrenzende Geschäftsvorgange berechnen kann. Auf der Basis der hinterlegten Parameter berechnet das System für einen bestimmten Stichtag die erforderlichen Abgrenzungen und erzeugt dann die entsprechenden Belege.

In der Praxis finden sich jedoch viele Unternehmen, die aufgrund des hohen Einrichtungsaufwands auf die von SAP angebotene Funktionalität verzichten und die Abgrenzung weiterhin manuell durchführen.

Die Durchführung der Abgrenzungsläufe und Buchungen hat zwingend durch das Unternehmen zu erfolgen. Durch den Abschlussprüfer sind diese Abgrenzungsbuchungen vor allem hinsichtlich des durchgeführten Prozesses und ihrer Richtigkeit zu beurteilen. Hierzu können folgende Prüfungshandlungen durchgeführt werden:

1. **Aufnahme des Prozesses zur Abgrenzung**
   Es sollte geprüft werden, ob für den Prozess zur Ermittlung der abzugrenzenden Geschäftsvorfälle konkrete Regelungen und ein festgelegtes Verfahren existieren. Hierbei sollte auch die im System vorgenommene Parametrisierung, das angewandte Berechnungsverfahren sowie die Festlegung, für welche Geschäftsvorfälle die Abgrenzungsrechnung definiert wurde, ausreichend beschrieben sein.

2. **Prüfung der durchgeführten Buchungen**
   Wurden die Abgrenzungsbuchungen mithilfe der SAP-Funktionalitäten gebucht, können die gebuchten Belege und Werte in SAP ERP unter Rechnungswesen → Finanzwesen → Hauptbuch → Periodische Arbeiten → Manuelle Abgrenzungen → Infosystem → Gebuchte Abgrenzungen anzeigen → Summenwerte in Accrual Engine anzeigen eingesehen werden.
   Mit dem Befehl → Einzelposten in Accrual Engine anzeigen sind die einzelnen Posten einsehbar. Für den Abschlussprüfer sind vor allem die gebuchten Werte interessant, es sollte also die Auswahl „Nur Ist-Werte“ aktiviert sein.
   In S/4HANA sind gebuchte Abgrenzungen sehr versteckt unter folgendem Pfad zu finden: Rechnungswesen → Finanzwesen → Haupt-

buch → Abgrenzungen für Rechteverwaltung → Erlösrealisierung für Lizenzverkäufe → Infosystem → Gebuchte Abgrenzungen anzeigen. Die mit der Abfrage ermittelten Positionen sind mit den vom Mandanten erläuterten Vorgängen abzugleichen und v.a. daraufhin zu prüfen, ob alle erläuterten Geschäftsvorfälle hierin enthalten sind.

3. **Sichtung einzelner Konten**
   Durch Sichtung einiger klassischer Konten, auf denen beispielsweise Zinserträge, Mieteinnahmen und -ausgaben, Beiträge etc. verbucht werden, kann darüber hinaus geprüft werden, ob bei den Abgrenzungsbuchungen alle Geschäftsvorfälle berücksichtigt wurden.

4. **Sichtung der für die Abgrenzungsbuchungen verwendeten Konten**
   Durch Sichtung der für die Abgrenzungsbuchungen verwendeten Hauptbuchkonten können ebenfalls durchgeführte Buchungen eingesehen und verifiziert werden.

3.4.6 Fremdwährungsbewertung

Die Globalisierung führt dazu, dass Geschäfte zunehmend in ausländischer Währung abgeschlossen werden. Da der Jahresabschluss nach § 244 HGB in Euro aufzustellen ist, sind auf fremde Währung lautende Geschäftsvorfälle zum Bilanzstichtag in Euro umzurechnen. Durch die Umrechnung kann es zu Währungsdifferenzen gegenüber dem Zeitpunkt des Geschäftsvorfalls kommen.

Vermögensgegenstände (also auch Forderungen) und Verbindlichkeiten mit einer Laufzeit von bis zu einem Jahr sind seit Einführung des BilMoG (Bilanzrechtsmodernisierungsgesetz) zum Bilanzstichtag mit dem Devisenkassamittelkurs zu bewerten (§ 256a S. 1 HGB). Für Positionen mit einer Restlaufzeit von **unter einem Jahr** ist bei der Umrechnung das Anschaffungskostenprinzip (§ 253 Abs. 1 S. 1 HGB) und das Imparitäts- und Realisationsprinzip (§ 252 Abs. 1 Nr. 4 Hs. 2 HGB) nicht mehr zu beachten. Hieraus resultiert, dass Vermögensgegenstände damit nach der Umrechnung mit einem höheren und Verbindlichkeiten mit einem niedrigeren Wert als bei der Erstbewertung ausgewiesen werden dürfen.

Für Vermögensgegenstände und Verbindlichkeiten mit einer Laufzeit von **mehr als einem Jahr** wird die Werteveränderung zwischen dem Zeitpunkt des Geschäftsvorfalls und dem Bilanzstichtag in der folgenden Übersicht aufgeführt.

Abweichung gegenüber dem Zeitpunkt des Geschäftsvorfalls	Vermögensgegenstände (insb. Forderungen)	Verbindlichkeiten
Wert zum Bilanzstichtag **höher** als zum Zeitpunkt des Geschäftsvorfalls	Bewertung erfolgt mit dem Devisenkassamittelkurs zum Zeitpunkt des Geschäftsvorfalls (Anschaffungskostenprinzip, § 256a S. 2 i.V.m. § 253 Abs. 1 S. 1 HGB)	Bewertung erfolgt zum Devisenkassamittelkurs zum Bilanzstichtag (§ 256a S. 1 HGB).
Wert zum Bilanzstichtag **niedriger** als zum Zeitpunkt des Geschäftsvorfalls	Bewertung erfolgt zum Devisenkassamittelkurs zum Bilanzstichtag (§ 256a S. 1 HGB)	Bewertung erfolgt zum Devisenkassamittelkurs des Geschäftsvorfalls (Vorsichtsprinzip, § 256a S. 2 i.V.m. § 252 Abs. 1 Nr. 4 Hs. 2 HGB)

Tab. 3.6 Mögliche Kursänderungen der Forderungen und Verbindlichkeiten zum Bilanzstichtag

Zur Erstellung der Bilanz ist daher durch das Unternehmen eine Fremdwährungsbewertung erforderlich, die die folgenden Konten bzw. Posten umfasst:

- Fremdwährungsbestandskonten, d.h. in Fremdwährung geführte Sachkonten (z.B. Bankkonten, Festgeldkonten in einer anderen Währung): Hier erfolgt die Bewertung der **Salden in Fremdwährung**.
- Offene Posten, die in Fremdwährung gebucht wurden: Hier erfolgt die Bewertung der **Einzelposten in Fremdwährung**.

Für die Fremdwährungsbewertung bieten SAP ERP und S/4HANA verschiedene Möglichkeiten an, auf die hier nicht vertieft eingegangen werden soll. Voraussetzung für die Fremdwährungsbewertung ist allerdings, dass durch den Mandanten im Vorfeld verschiedene Einstellungen im Customizing vorgenommen wurden:

- Die Umrechnungskurse müssen hinterlegt sein.
- Es muss eine Bewertungsmethode definiert sein.

- Die Aufwands- und Ertragskonten für die Kursdifferenzen aus den Bewertungen müssen angelegt sein (inkl. Bilanzkorrekturkonten für Forderungs- und Verbindlichkeitskonten).
- Bei paralleler Bewertung (andere Währung als Hauswährung) muss ein Bewertungsbereich definiert sein.

Die Durchführung der Fremdwährungsbewertung erfolgt über das Menü Rechnungswesen → Finanzwesen → Hauptbuch → Periodische Arbeiten → Abschluss → Bewerten. Die weitere Auswahl unterscheidet sich in SAP ERP und S/4HANA etwas.

In SAP ERP gibt es im Anschluss die Möglichkeit,

- den Menüpunkt Fremdwährungsbewertung oder Fremdwährungsbewertung (neu) auszuwählen oder
- direkt die Transaktionen **F.05** (altes Hauptbuch) oder **FAGL_FC_VAL** (neues Hauptbuch) aufzurufen oder
- über die Transaktion SA38 den Report **SAPF100** (altes Hauptbuch) oder **FAGL_FC_VALUATION** (neues Hauptbuch) aufzurufen.

In S/4HANA besteht die Möglichkeit,

- innerhalb des Menüs die Auswahl Fremdwährungsbewertung zu wählen,
- die Funktion direkt über die Transaktion **FAGL_FCV** auszuführen oder
- über die Transaktion SA38 den Report **FAGL_FCV** aufzurufen.

Das Programm führt zusammengefasst die folgenden Funktionen durch:

- Selektion

  Die offenen Posten der Debitoren, Kreditoren und Sachkonten zum Stichtag werden gelesen und nach Konto bzw. Konzern und Währung saldiert. Bei den Sachkonten werden Abstimmkonten und OP-geführte Konten nicht, Erfolgskonten hingegen nur auf Wunsch bewertet.

- Bewertung

  Die zum Stichtag umgerechneten offenen Posten und Sachkontensalden werden zum Stichtag bewertet. Falls hierbei das Ergebnis nicht der gewählten Methode entspricht, falls also beispielsweise bei der gewählten Methode „Niederstwertprinzip“ ein Gewinn auftritt, wird keine Bewertungsdifferenz ausgewiesen.

- Erstellung Buchungssätze

  Die berechneten Bewertungsdifferenzen werden verdichtet gebucht. Das Programm erstellt hierbei für offene Posten automatisch die erforderlichen Bewertungsbuchungen und Stornobuchungen. Als Buchungsdatum hierfür wird der angegebene Stichtag und für das Stornodatum der Folgetag verwendet.

Analog zu der in Kapitel 3.4.4 aufgeführten Rasterung und Umbuchung wird auch im Rahmen der Fremdwährungsbewertung eine Hauptliste mit den gelesenen und bewerteten Posten, eine Fehlerliste sowie eine Batch-Input-Mappe mit den durchzuführenden Buchungen erzeugt. Die Hauptliste sollte durch das Rechnungswesen zwingend aufbewahrt werden, da ihr die vorgenommenen Bewertungen und Kurse entnommen werden können.

Die Durchführung der Fremdwährungsbewertung hat durch das Unternehmen zu erfolgen. Sie können diese Durchführung jedoch im Nachgang mit folgenden Prüfungshandlungen verifizieren:

1. **Aufnahme des Prozesses zur Fremdwährungsbewertung beim Mandanten**
   Es sollte erkennbar sein, dass der Mandant das inhärente Risiko von Fremdwährungsbewertungen erkannt und ausreichende Maßnahmen zu seiner Absicherung ergriffen hat. Hierfür sollten der Prozess für die Behandlung der Fremdwährungen ausreichend dokumentiert und Kontrollen vorgesehen sein, die die vollständige Berechnung, Umbuchung und Rückbuchung der Bewertungsdifferenzen sicherstellen.
   Eine angemessene Dokumentation und entsprechende Kontrollen sollten unabhängig von der Durchführung der Fremdwährungsbewertung innerhalb des SAP-Systems oder in einer anderen Anwendung vorhanden sein.

2. **Prüfung der offenen Posten zum Stichtag**
   Grundsätzlich stellen zu hoch bewertete Forderungen und zu gering bewertete Verbindlichkeiten ein Risiko dar. Daher ist für beide durch Sie im Anschluss an die Aufnahme des Prozesses im Sinne einer

Funktionsprüfung anhand von Stichproben zu prüfen, ob der vom Mandanten beschriebene Prozess umgesetzt wurde.
Mithilfe einer Einzelpostenliste (Kapitel 3.3.3) oder Saldenliste (Kapitel 3.3.2) können Sie prüfen, für welche Kreditoren und Debitoren Fremdwährungsbuchungen vorliegen und wie sich die entsprechenden Wechselkurse entwickelt haben. Sowohl bei Kurssteigerungen als auch bei einem Kursabfall ist zu prüfen, ob Forderungen und Verbindlichkeiten mit den historischen oder den Stichtagswerten bewertet wurden.

3. **Prüfung auf Verbuchung der erzeugten Batch-Mappe**
   Im System kann geprüft werden, ob die im Rahmen der Fremdwährungsbewertung erzeugte Batch-Mappe mit den Differenzbuchungen ausgeführt wurde. Über die Transaktion **SM35** – Batch-Input: Mappenübersicht kann unter Eingrenzung auf den Mappennamen oder das Buchungsdatum der Status der Mappe geprüft werden.

4. **Prüfung der Differenzbuchungen**
   Eine entsprechende Prüfung der tatsächlich durchgeführten Buchungen mit den verwendeten Werten kann über die im Rahmen der Bewertung erzeugte Hauptliste erfolgen. Daher ist diese vom Rechnungswesen abzuspeichern.
   Zusätzlich sind die Buchungen über das Beleg-Kompaktjournal einsehbar, welches in SAP ERP und in S/4HANA entweder über das Fachmenü des Hauptbuchs

   – Rechnungswesen → Finanzwesen → Hauptbuch → Infosystem → Berichte zum Hauptbuch → Beleg → Allgemein → Beleg-Kompaktjournal oder
   – direkt als Report **RFBELJ00**

   aufgerufen wird. Das Buchungsdatum ist hierbei dann auf den Bilanzstichtag sowie den Folgetag im neuen Geschäftsjahr und den Namen der Batch-Mappe (Freie Abgrenzungen → Mappenname, siehe Kapitel 6.3.1) einzugrenzen.

5. **Sichtung der entsprechenden Hauptbuchkonten**
   Die für die Währungskorrekturen verwendeten Korrekturkonten können eingesehen und die Buchungen hierauf verifiziert werden.

Für alle Buchungen ist zu prüfen, ob die entsprechenden Stornobuchungen am Folgetag ebenfalls vorgenommen wurden. Aus den Saldenübersichten der Korrekturkonten muss ersichtlich sein, dass der gebuchte Gesamtbetrag in der nächsten Periode vollständig wieder storniert wurde. Treten hier Differenzen auf, könnten diese ein Hinweis auf die Verwendung eines falschen Stornodatums sein.

3.4.7 Wertberichtigungen

Offene Forderungen aus Lieferungen und Leistungen sind zum Geschäftsjahresabschluss zu bewerten. Sie unterliegen dem strengen Niederstwertprinzip und werden mit ihrem Nennbetrag, d.h. der Rechnungssumme inklusive der Umsatzsteuer angesetzt. Im Zuge der Bewertung muss für die Forderung beurteilt werden, ob sie

- einwandfrei,
- zweifelhaft oder
- uneinbringlich ist.

Zweifelhafte oder uneinbringliche Forderungen können durch Einzelwertberichtigungen angepasst oder abgeschrieben werden. Diese werden häufig in SAP ERP unter Verwendung des Sonderhauptbuchkennzeichens „E – Einzelwertberichtigung“ verbucht (siehe Kapitel 3.2.4).

Da es in der Praxis schwierig ist, jede Forderung aus Lieferung und Leistung einzeln zu bewerten und die Lage der einzelnen Kunden einzuschätzen, kann auch eine Pauschalwertberichtigung durchgeführt werden, die auf Basis von Wahrscheinlichkeiten die Ausfälle von Forderungen berechnet. Darüber hinaus ist ein Mischverfahren zwischen beiden Formen möglich.

Weitergehende fachliche Details zur Wertberichtigung werden an dieser Stelle nicht vertieft. Ein Unternehmen hat sich für eines der drei genannten Verfahren zu entscheiden und muss dieses dann durchgängig anwenden. Die Höhe des abzuschreibenden Anteils wird außerhalb des Systems ermittelt und basiert auf Erfahrungswerten ausgefallener Forderungen der Vergangenheit.

Die Durchführung der Wertberichtigungen erfolgt im Rahmen der Jahresabschlussarbeiten durch das Unternehmen, muss jedoch durch den

Prüfer nachvollzogen werden können. Hierbei kann er folgende Aspekte prüfen:

1. **Aufnahme des Prozesses zur Wertberichtigung**
   Es muss erkennbar sein, dass konkrete Vorkehrungen für die Wertberichtigungsprozesse sowie ausreichende Maßnahmen zu ihrer Absicherung ergriffen wurden. Der Prozess sollte nach Möglichkeit ausreichend dokumentiert und das eingesetzte Wertberichtigungsverfahren sowie die Berechnungsregeln sollten festgelegt sein. Es ist vor allem zu erfragen, ob die Verbuchung unter Verwendung eines Sonderhauptbuchkennzeichens erfolgt, damit dieses für spätere Auswertungen als Auswahlkriterium herangezogen werden kann.

2. **Funktionsprüfung auf Anwendung der erläuterten Prozesse**
   Anhand einer Liste mit den offenen Forderungen können Sie sich besonders hohe Forderungen oder Kunden mit einem hohen Gesamtsaldo ansehen und deren Werthaltigkeit beurteilen. Hierzu wird die in Kapitel 3.3.3 aufgeführte Einzelpostenliste oder die Saldenliste (Kapitel 3.3.2) eingesetzt.
   Ebenso können aus dem SAP-System bereits nach Debitor sortierte und nach Zeitintervallen geschichtete Forderungen anhand der in Kapitel 3.3.4 erläuterten Altersstrukturliste ermittelt werden. Für besonders alte Forderungen kann deren Behandlung unter Berücksichtigung des Zahlungsziels geprüft werden.
   Gegebenenfalls können vor der Auswertung über freie Abgrenzungen (siehe Kapitel 6.3.1) konzerninterne und internationale Forderungen separiert werden, da für diese häufig andere Zahlungsziele gelten.
   Einzelwertberichtigungen sind mithilfe der Einzelpostenliste unter Abgrenzung auf das Buchungsdatum zum Stichtag und (falls eingesetzt) das Sonderhauptbuchkennzeichen „E“ einsehbar. Hierdurch stehen Ihnen die auf diese Weise durchgeführten Abschreibungsbuchungen zur Verfügung. Wurden Buchungen ohne Sonderhauptbuchkennzeichen durchgeführt, ist der Prozess für die Abschreibung zu hinterfragen und es ist zu ermitteln, wie sich diese Buchungen von den sonstigen Buchungen unterscheiden (häufig auch über die Belegart). Diese Kriterien sind dann über freie Abgrenzungen in die Selektionsmöglichkeiten der Einzelpostenliste aufzunehmen, um die Buchungen zu ermitteln.

3. **Prüfung des Wertberichtigungskontos**
   Die durch den Mandanten eingesetzten Sachkonten für die Wertberichtigung sollten eingesehen und deren Buchungen auf Plausibilität geprüft werden.

4. **Prüfung der Richtigkeit abgeschriebener Wertberichtigungen**
   Mit diesem Schritt sollten die abgeschriebenen Forderungen ermittelt werden, für die im Berichtszeitraum noch ein Zahlungseingang zu verzeichnen ist.
   Hierzu kann wieder die Einzelpostenliste herangezogen werden, um besonders alte Positionen zu ermitteln, die zum Bilanzstichtag noch offen waren, aber im Berichtszeitraum dann beglichen wurden. Die Ergebnisse können über die freien Abgrenzungen eingegrenzt werden, indem diejenigen Forderungen ermittelt werden, die ein besonders altes Belegdatum (welches das Fakturadatum repräsentiert) aufweisen.

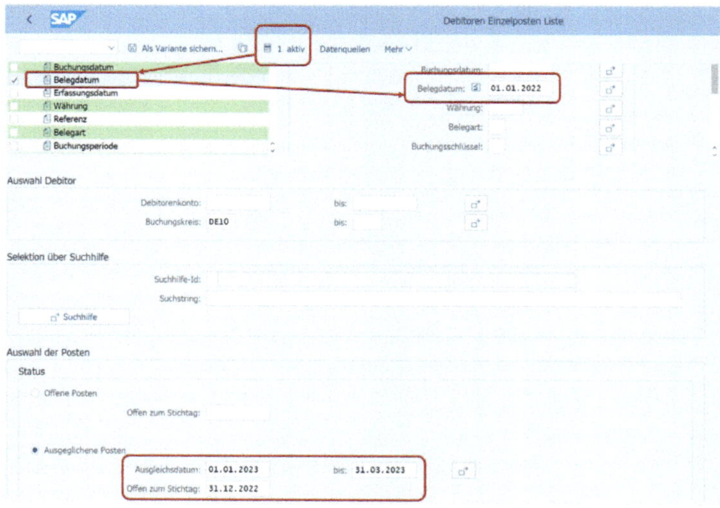

Abb. 3.25 Eingrenzung auf offene Forderungen älter als ein Jahr, die im Berichtszeitraum noch ausgeglichen wurden (© 2023, SAP SE)

3.4.8 Prüfung der Werthaltigkeit von Forderungen

Über die Prüfung der Wertberichtigungen hinaus gibt es weitere Fragestellungen hinsichtlich der Werthaltigkeit von Forderungen, die den Abschlussprüfer im Rahmen der Abschlussprüfung interessieren. Hierbei sind vor allem höhere Forderungen interessant, die kurz nach der Bilanzerstellung wieder storniert oder mit Gutschriften neutralisiert wurden.

Das Auffinden dieser Positionen ist nicht vollständig maschinell durchführbar. Anhand der Einzelpostenliste ist es zwar möglich, zu ermitteln, für welche offenen Posten zu einem Stichtag ein **Ausgleich** in einem nachfolgenden Zeitintervall erfolgt. Eine vergleichbare Abfrage für offene Posten zu einem Stichtag und **Gutschriften** in einem nachfolgenden Zeitintervall existiert jedoch nicht, da es sich um zwei getrennte Vorgänge handelt, die ggf. in zwei verschiedenen Belegen abgebildet werden.

Die Prüfung hat daher in zwei Schritten zu erfolgen.

1. **Ermittlung der Gutschriften und Stornierungen nach dem Abschlussstichtag**
   Mithilfe der Einzelpostenliste für Debitoren können alle debitorischen Stornobuchungen und Gutschriften für einen definierten Zeitraum nach dem Abschlussstichtag ermittelt werden.

   - Ist der Bilanzstichtag der 31.12., könnte man sich beispielsweise alle debitorischen Gutschriften des Zeitraums 01.01. bis 31.01. des Folgejahres anzeigen lassen.
   - Um auch tatsächlich nur Gutschriften und Storni zu erhalten, sind die Ergebnisse über die freien Abgrenzungen (siehe Kapitel 6.3.1) auf die Habenpositionen einzugrenzen.
   - Um Zahlungen auszuschließen (diese werden auch im Haben dargestellt), sollten Belege mit der Belegart für die Zahlungen (in der Regel DZ) ausgeschlossen werden.
   - Darüber hinaus können die Ergebnisse zur Verbesserung der Übersichtlichkeit und zur Konzentration auf wesentliche Positionen auf Beträge oberhalb von festgelegten Betragshöhen eingeschränkt werden.

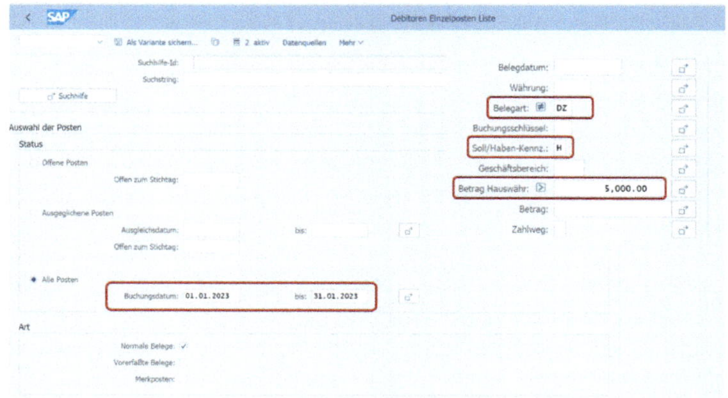

Abb. 3.26 Prüfung von Gutschriften und Stornobuchungen am Anfang des neuen Jahres (© 2023, SAP SE)

2. **Manuelle Prüfung der zugehörigen Forderungen**
   Bei entsprechender Auswahl werden im Ergebnis der Abfrage die gewünschten Gutschriften und Storni über den abgegrenzten Zeitraum angezeigt.

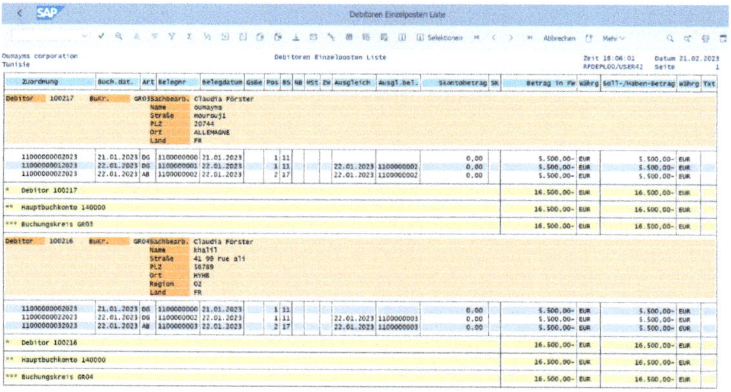

Debitoren Einzelposten Liste

Oumayma corporation
Tunisie

Debitoren Einzelposten Liste

Zeit 18:06:01 Datum 21.02.2023
RFDEPL00/USER42 Seite 1

Zuordnung	Buch.dat.	Art	Belegnr	Belegdatum	GsBe	Pos	BS	NB	MST	ZW	Ausgleich	Ausgl.bel.	Skontobetrag	SK	Betrag in FW	Währg	Soll-/Haben-Betrag	Währg	Txt
Debitor 100217 BuKr. GR03 Sachbearb. Claudia Förster Name oumayma Straße mouroujl PLZ 20744 Ort ALLEMAGNE Land FR																			
1100000002023	21.01.2023	DG	1100000000	21.01.2023		1	11						0,00		5.500,00-	EUR	5.500,00-	EUR	
1100000012023	22.01.2023	DG	1100000001	22.01.2023		1	11				22.01.2023	1100000002	0,00		5.500,00-	EUR	5.500,00-	EUR	
1100000022023	22.01.2023	AB	1100000002	22.01.2023		2	17				22.01.2023	1100000002	0,00		5.500,00-	EUR	5.500,00-	EUR	
* Debitor 100217															16.500,00-	EUR	16.500,00-	EUR	
** Hauptbuchkonto 140000															16.500,00-	EUR	16.500,00-	EUR	
*** Buchungskreis GR03															16.500,00-	EUR	18.500,00-	EUR	
Debitor 100216 BuKr. GR04 Sachbearb. Claudia Förster Name khalil Straße 41 99 rue ali PLZ 56789 Ort HYHB Region 02 Land FR																			
1100000002023	21.01.2023	DG	1100000000	21.01.2023		1	11						0,00		5.500,00-	EUR	5.500,00-	EUR	
1100000022023	22.01.2023	DG	1100000002	22.01.2023		1	11				22.01.2023	1100000003	0,00		5.500,00-	EUR	5.500,00-	EUR	
1100000032023	22.01.2023	AB	1100000003	22.01.2023		2	17				22.01.2023	1100000003	0,00		5.500,00-	EUR	5.500,00-	EUR	
* Debitor 100216															16.500,00-	EUR	16.500,00-	EUR	
** Hauptbuchkonto 140000															16.500,00-	EUR	16.500,00-	EUR	
*** Buchungskreis GR04															16.500,00-	EUR	16.500,00-	EUR	

Abb. 3.27 Debitorische Gutschriften kurz nach der Bilanzerstellung (© 2023, SAP SE)

Im nächsten Prüfungsschritt können müssen die erhaltenen Ergebnisse manuell gesichtet werden. Nach vorher festgelegten Kriterien sind in Stichproben einzelne Stornofälle und Gutschriften zu selektieren, die hierauf bezogenen Forderungen zu ermitteln und die Gründe für die

Stornierung zu prüfen. In Abhängigkeit von den Ursachen sollte hierfür durch den Mandanten eine entsprechende Wertberichtigung im alten Jahr erfolgen.

3.4.9 Cut-off-Prüfung

Die Cut-off-Prüfung dient im Wesentlichen der Prüfung auf periodengerechte, d.h. zeitlich richtige Abgrenzung von Geschäftsvorfällen und hiermit angefallener Aufwendungen und Erträge. Bei Erträgen ist der Zeitpunkt der Realisation maßgeblich, bei Aufwendungen kommt es auf die Art der Aufwände an.

Cut-off-Prüfung von Verbindlichkeiten

Für die Aufwandsseite erfolgt im Rahmen der Cut-off-Prüfung überwiegend eine Durchsicht der ersten Monatsrechnungen und signifikanter Eingangsrechnungen nach Stichtag. Hierbei wird geprüft, ob diese Rechnungen sachlich nicht noch ins alte Jahr hätten gebucht werden müssen.

Die Auswahl der zu prüfenden Eingangsrechnungen im neuen Jahr kann über die Kreditoreneinzelpostenliste erfolgen. Diese wird entweder

- über das Kreditorenmenü,
- über die Transaktion **FBL1N** oder
- über die Transaktion SA38 und den Report **RFKEPL00**

aufgerufen.

Zum Erhalt vernünftiger Ergebnisse, aus denen einfach eine entsprechende Stichprobe gezogen werden kann, empfiehlt es sich, im Auswahlbildschirm entsprechende Abgrenzungen vorzunehmen:

- Buchungsdatum im Zeitraum 01.01. bis z.B. 31.01. des Folgejahres
- Belegart für Eingangsrechnungen (z.B. RE, KR etc. – diese sind beim Fachbereich zu erfragen)
- Haben-Kennzeichen, um Gutschriften auszuschließen
- ggf. Betragsgrenzen, ab denen die Betragshöhe wesentlich ist

Eine Eingrenzung des Belegdatums ist nur eingeschränkt sinnvoll, denn dieses repräsentiert das Datum der Eingangsrechnung, welches

– trotz Buchung im neuen Jahr – sowohl im alten als auch im neuen Jahr liegen kann.

Ein Teil der Selektionskriterien wird über die freien Abgrenzungen eingegeben, auf die in Kapitel 6.3.1 detailliert eingegangen wird.

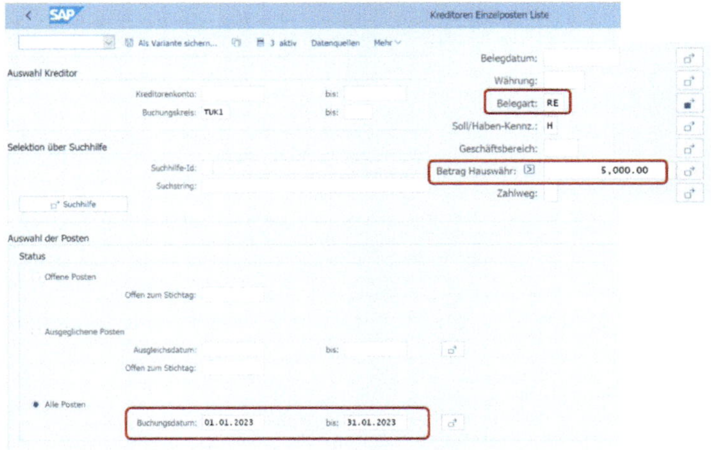

Abb. 3.28 Aufruf der Einzelpostenliste zur Cut-off-Prüfung von Verbindlichkeiten (© 2023, SAP SE)

ABC Tools UK Ltd
Great Britain
Kreditoren Einzelposten Liste
Zeit 1
RFKEPL

Zuordnung	Buch.dat.	Art	Belegnr	Belegdatum	GsBe	Pos	SS	NB	ZSp	Zk	Ausgleich	Ausgl.bel.	Skontobetrag	Dgr	SK	Betrag in Fremdwährung	Währg	S
Lieferant 200002 BuKr. TUK1 Sachbearb. Name Supplier Dealer Straße 10 Road PLZ BA0 0RO Ort London Land/Reg. GB																		
	03.01.2022	KR	1900000023	03.01.2022	ZT02	1	31			6	31.01.2022	2000000007	0.00			17.190.00-	GBP	
* Lieferant 200002																17.190.00-	GBP	
** Hauptbuchkonto 250000																17.190.00-	GBP	
*** Buchungskreis TUK1																17.190.00-	GBP	
****																17.190.00-	GBP	

Abb. 3.29 Ermittelte Rechnungen aus dem neuen Jahr im Rahmen der Cut-off-Prüfung (© 2023, SAP SE)

Cut-off-Prüfung von Forderungen

In der Cut-off-Prüfung der Forderungen steht die Umsatzrealisierung im alten Jahr mit Gefahrenübergang im neuen Jahr im Fokus. Für diese Prüfung werden Ausgangsrechnungen zum Ende des Geschäftsjahres ermittelt und für diese auf der Ertragsseite die jeweiligen Verträge analysiert sowie der Zeitpunkt des Gefahrenübergangs (bei Lieferungen) oder der Fertigstellung (Werklieferung, Dienstleistung) geprüft.

Zur Ermittlung der zu prüfenden Ausgangsrechnungen im alten Jahr kann die Debitoreneinzelpostenliste über

- das Debitorenmenü,
- die Transaktion **FBL5N** oder
- die Transaktion SA38 und den Report **RFDEPL00**

aufgerufen werden.

Hierbei sollten ebenfalls die Ergebnisse im Vorfeld so eingegrenzt werden, dass der Umfang der zu prüfenden Ausgangsrechnungen überschaubar bleibt. Zur Einschränkung der Kriterien werden ebenfalls freie Abgrenzungen eingesetzt:

- Buchungsdatum z.B. im Zeitraum 15.12. bis 31.12. des Geschäftsjahres
- Belegart für Ausgangsrechnungen (z.B. DR, RV etc. – diese sind beim Fachbereich zu erfragen)
- Sollkennzeichen setzen, um Gutschriften zu vermeiden
- ggf. Betragsgrenzen, ab denen die Betragshöhe wesentlich ist

Aus der im Ergebnis erhaltenen Einzelpostenliste für Ausgangsrechnungen kann für die Detailprüfung dann die Auswahl einzelner Rechnungen in einer Stichprobe erfolgen. Diese Prüfung erfolgt zum einen auf Basis von Lieferscheinen (Incoterms) und zum anderen mittels der Abnahmeprotokolle. Das detaillierte Vorgehen bei dieser Prüfung sowie die Auswahl geeigneter Prüfungsfälle werden in Kapitel 5.2 beschrieben.

4 Anlagenbuch

4.1 Einführung

Die Anlagenbuchhaltung (FI-AA) dient innerhalb des SAP-Systems zur Verwaltung und Überwachung des Sachanlagevermögens. Im Rechnungswesen hat es als Nebenbuch zum Hauptbuch die Aufgabe, detaillierte Informationen zu den Vorgängen im Sachanlagevermögen zur Verfügung zu stellen.

Im Rahmen der vielfältigen Integrationsbeziehungen des SAP-Systems werden sowohl Daten von anderen Modulen direkt in die Anlagenbuchhaltung übernommen als auch von der Anlagenbuchhaltung an andere Module und Submodule weitergegeben. Beispielsweise ist es beim Kauf von Anlagen möglich, den Rechnungs-/Wareneingang von Material aus dem Lager in der Komponente Materialwirtschaft (MM – Material Management) direkt auf die Anlagen in der Komponente Anlagenbuchhaltung zu kontieren. Andererseits können Abschreibungen und Zinsen direkt an die Komponenten Finanzbuchhaltung (FI) und an die Kostenrechnung (CO) weitergegeben werden. Mit SAP S/4HANA ist die Anlagenbuchhaltung Teil des Universal Journal (Tabelle ACDOCA).

4.2 Stamm- und Strukturdaten

4.2.1 Anlagenstammsatz

Der Anlagenstammsatz in SAP gliedert sich in zwei Teile: allgemeine Stammdaten und Stammdaten zur Bewertung der Anlage. Die allgemeinen Stammdaten umfassen Angaben zu:

- Bezeichnung
- Menge etc.
- Kontierungsangaben
- Buchungsinformationen (z.B. Aktivierungsdatum)
- zeitabhängige Zuordnungen (z.B. Kostenstelle)
- Inventurdaten und ggf. noch weitere je nach Anlagenart spezifische Angaben wie Informationen für die Instandhaltung, Angaben zur Vermögensverwaltung

- Grundstücksinformationen, ggf. Leasingkonditionen
- Investitionsfördermaßnahmen
- Herkunftsdaten der Anlage und Versicherungsdaten

Die Stammdaten zur Bewertung der Anlage umfassen je Bewertungsbereich eines jeweiligen Bewertungsplans im Wesentlichen

- den Abschreibungsschlüssel,
- die Nutzungsdauer,
- Normal-AfA-Beginn und
- den geschätzten Schrottwert.

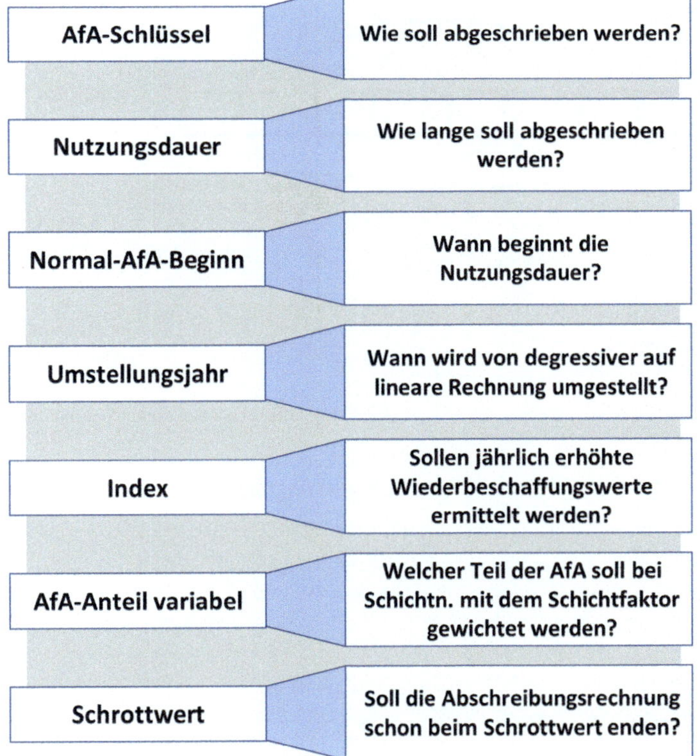

Abb. 4.1 Bewertungsparameter eines Bewertungsbereichs für einen Anlagenstammsatz (Quelle: SAP)

4.2.2 Anlagenklassen

Anlagenklassen sind das wichtigste Strukturierungsmittel für das Anlagevermögen. Im System sind beliebig viele Anlagenklassen definierbar. Mit ihrer Hilfe kann das Anlagevermögen nach unterschiedlichen Kriterien gegliedert werden. Die wichtigste Aufgabe der Anlagenklasse ist die Verbindung der Anlagenstammsätze mit den entsprechenden Hauptbuchkonten der Finanzbuchhaltung. Diese Verbindung wird durch einen Kontenfindungsschlüssel in der jeweiligen Anlagenklasse hergestellt (Kontenfindung).

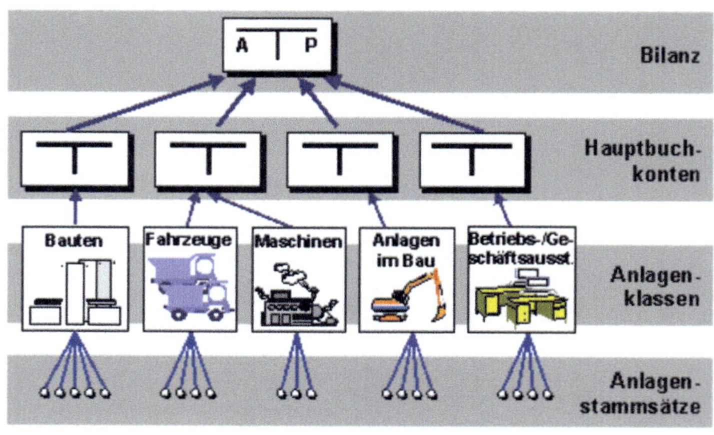

Abb. 4.2 Die Kontenfindung der Anlagen über Anlagenklassen auf Sachkonten (Quelle: SAP)

4.2.3 Bewertungsplan und Bewertungsbereiche

Jeder Anlagenklasse sind mehrere Bewertungspläne zuordenbar, wobei ein Bewertungsplan genau einem Buchungskreis zugeordnet wird. Der Bewertungsplan wiederum kann aus verschiedenen Bewertungsbereichen bestehen.

Mithilfe von Bewertungsbereichen lassen sich unterschiedliche Bewertungsregeln einer Anlagenklasse und somit unterschiedliche Rechnungslegungsvorschriften (z.B. HGB, IFRS, US-GAAP, Steuerrecht) abbilden.

Hierfür können je Anlage bzw. Anlagenklasse alle notwendigen Bewertungsparameter und Werte auf Ebene des Bewertungsbereichs geführt werden. Theoretisch lassen sich bis zu 99 Bewertungsbereiche anlegen.

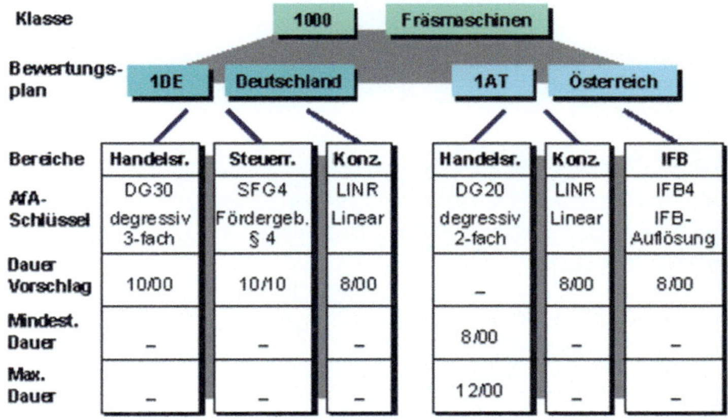

Abb. 4.3 Bewertungspläne und Bewertungsbereiche (Quelle: SAP)

4.2.4 Bewegungsarten

Innerhalb der Anlagenbuchhaltung identifizieren sogenannte Anlagenbewegungsarten die einzelnen Geschäftsvorfälle. Bei jedem anlagenrelevanten Geschäftsvorfall muss eine Bewegungsart angeben werden. Dies erfolgt entweder explizit in der jeweiligen Buchungstransaktion oder durch Festlegung im Customizing der Anlagenbuchhaltung.

Jede Bewegungsart ist einer bestimmten Bewegungsartengruppe zugeordnet. Über die Bewegungsartengruppe werden die Geschäftsvorfälle folgendermaßen untergliedert:

- Vorfälle, die die Anschaffungs- und Herstellungskosten einer Anlage beeinflussen; dazu zählen: Zugänge, Abgänge, Umbuchungen, Nachaktivierungen
- Anzahlungen
- Investitionsfördermaßnahmen
- manuelle Abschreibungen
- Zuschreibungen

Die Bewegungsarten sind auch relevant für die Anlagenberichte. Die Spalten des Anlagenspiegels – in SAP „Anlagengitter“ genannt – basieren auf Bewegungsarten. Dank der feinen Untergliederung der Anlagenvorgänge kann das Anlagengitter in verschiedenen Gitterversionen mit einer unterschiedlichen Anzahl von Spalten dargestellt werden.

4.3 Analysen und Berichte

4.3.1 Asset Explorer

Der Asset Explorer dient zur Anzeige sowohl der Bewegungen auf einer Anlage als auch der Ansicht von Stammdaten. Zum Asset Explorer gelangt man über:

- SAP-Menü → Rechnungswesen → Finanzwesen → Anlagen → Anlage → Asset Explorer
- oder Transaktion **AW01N**

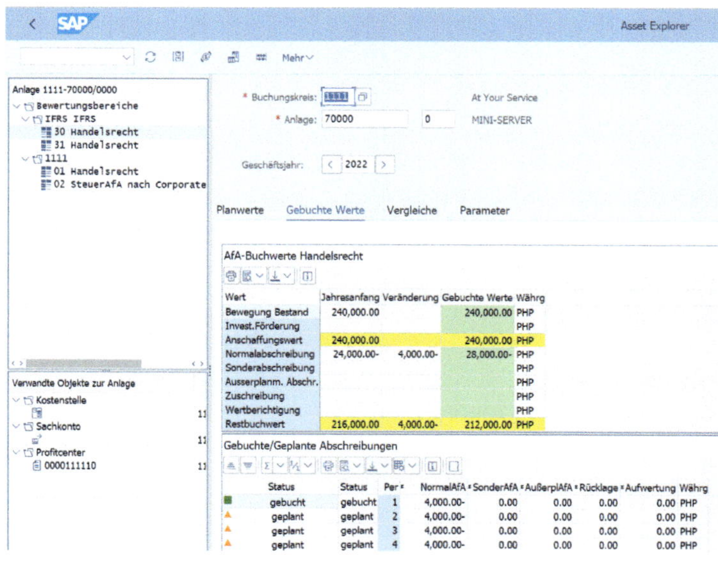

Abb. 4.4 Der „Asset Explorer – AW01N“ (© 2023, SAP SE)

Der Einstieg gelingt über den Buchungskreis, die Eingabe einer Anlagennummer und die anschließende Selektion eines Geschäftsjahres.

Im abgebildeten Beispiel ist das Geschäftsjahr 2009, der Bewertungsbereich „30“ und „Gebuchte Werte“ der Anlage 70000 (Lagerhalle) im Buchungskreis 1111 ausgewählt. Bei dieser Ansicht lassen sich die historischen Anschaffungskosten sowie die kumulierten Abschreibungen, die Abschreibung im Geschäftsjahr und der Restbuchwert ablesen.

Bei Auswahl des Karteireiters „Parameter“ sieht man die für den Bewertungsbereich 630 abhängigen Bewertungsparameter. Über das Stammdaten-Icon (Stammdaten anzeigen) im Menüband (das zweite Icon neben dem Eingabefeld für Transaktionscodes) ist es auch möglich, direkt in den Anlagenstammsatz „abzuspringen“.

Der Asset-Explorer ermöglicht also einen schnellen Einblick in Bewegungs- und Stammdaten einer Einzelanlage.

4.3.2 Anlagengitter

Das Anlagengitter dient der Aufstellung eines Anlagenspiegels gemäß länderspezifischen Vorschriften. Entscheidender Eingabeparameter bei Reportstart neben dem Buchungskreis und dem Bewertungsbereich ist die Gitterversion. Durch sie wird Inhalt und Form der Ausgabe des Anlagegitters bestimmt. Im Standard ist die Gitterversion 0001 (HGB) mit 13 Spalten vordefiniert.

Zum Anlagengitter gelangt man über:

- SAP-Menü → Rechnungswesen → Finanzwesen → Anlagen → Infosystem → Bericht zur Anlagenbuchhaltung → Erläuterungen zur Bilanz → International → Anlagengitter
- oder Transaktion SA38 und Bericht **RAGITT01** oder **RAGITT_ALV01**
- oder Transaktion **S_ALR_87011990**

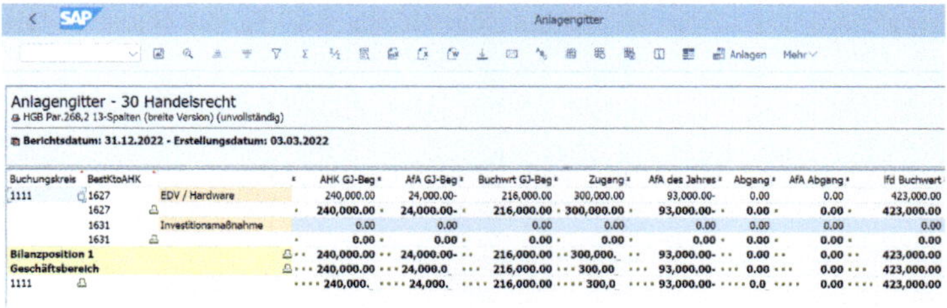

Anlagengitter

Anlagen Mehr

Anlagengitter - 30 Handelsrecht
HGB Par.268,2 13-Spalten (breite Version) (unvollständig)

Berichtsdatum: 31.12.2022 - Erstellungsdatum: 03.03.2022

Buchungskreis	BestKtoAHK		AHK GJ-Beg	AfA GJ-Beg	Buchwrt GJ-Beg	Zugang	AfA des Jahres	Abgang	AfA Abgang	lfd Buchwert
1111	1627	EDV / Hardware	240,000.00	24,000.00-	216,000.00	300,000.00	93,000.00-	0.00	0.00	423,000.00
	1627		**240,000.00**	**24,000.00-**	**216,000.00**	**300,000.00**	**93,000.00-**	**0.00**	**0.00**	**423,000.00**
	1631	Investitionsmaßnahme	0.00	0.00	0.00	0.00	0.00	0.00	0.00	0.00
	1631		**0.00**	**0.00**	**0.00**	**0.00**	**0.00**	**0.00**	**0.00**	**0.00**
Bilanzposition 1			**240,000.00**	**24,000.00-**	**216,000.00**	**300,000.**	**93,000.00-**	**0.00**	**0.00**	**423,000.00**
Geschäftsbereich			**240,000.00**	**24,000.0**	**216,000.00**	**300,00**	**93,000.00-**	**0.00**	**0.00**	**423,000.00**
1111			**240,000.**	**24,000.**	**216,000.00**	**300,0**	**93,000.00-**	**0.0**	**0.00**	**423,000.00**

Abb. 4.5 Anlagengitter mit 11 ausgewählten Spalten (© 2023, SAP SE)

In SAP ERP gab es den Abstimmungsreport **RAABST01** (über SA38 ausführbar), mit welchem man eine Abstimmung zwischen dem Anlagenbuch und dem Hauptbuch durchführen und nachweisen konnte. In SAP S/4HANA erübrigt sich diese Abstimmung. Die Anlagenbuchhaltung ist über die ACDOCA (Universal Journal) ins Hauptbuch integriert. Ein Konsistenzcheck ist somit nicht mehr nötig. Der Bericht RAABST01 kann mangels Existenz auch nicht mehr in SAP S/4HANA ausgeführt werden. Wer jedoch sicher sein möchte, kann das Anlagengitter über die Sachkontenfindungskennung mit den entsprechenden Sachkontensalden im Hauptbuch abstimmen.

5 Wesentliche Geschäftsprozesse

5.1 Einkauf

5.1.1 Überblick

Beim Einkaufsprozess bewegen wir uns im Beschaffungsmodul MM-PUR (Materialmanagement – Purchase) von SAP, einem Untermodul von MM (Materialmanagement).

Der Einkaufsprozess in SAP bedarf zweier Stammdatenkategorien, damit er im Standard „End-to-End" abgewickelt werden kann. Zunächst ist ein Lieferant/Kreditor anzulegen, da ohne ihn keine Bestellung oder Bestellanforderung ausgelöst werden kann.

Idealerweise werden auch die zu beschaffenden Artikel oder Leistungen in Form eines Materialstammsatzes angelegt. Ohne ihn ist nur eine Freitextbestellung möglich und die nachlaufenden Prozessschritte (Wareneingangsbuchung und logistische Rechnungsprüfung) können nur eingeschränkt abgebildet werden.

Bei Vorhandensein der genannten Stammdaten kann eine Bestellanforderung (BANF) erstellt werden. Ist der Bedarf gerechtfertigt und genehmigt, wird typischerweise vom Einkauf eine Bestellung ausgelöst. Der Bestellung folgt ein Wareneingang und im Anschluss eine Lieferantenrechnung.

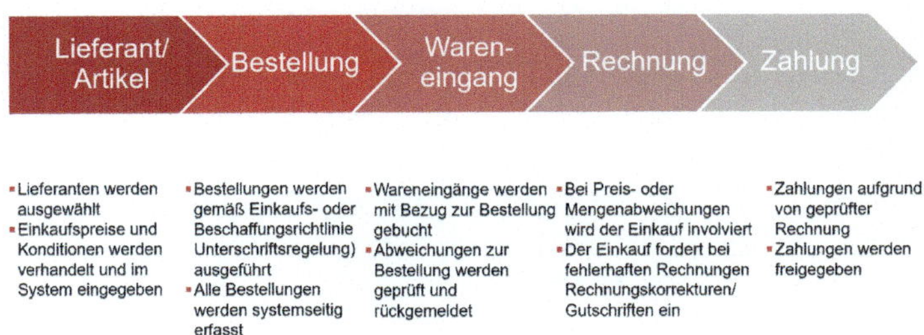

Abb. 5.1 Einkaufsprozess in SAP

Aus IKS-Gesichtspunkten ist die Betrachtung von Freigabestrategien für die Freigabe von Bestellanforderungen von Bedeutung. Idealerweise sind die in der Beschaffungs- oder Einkaufsrichtlinie festgelegten Kompetenz- und Unterschriftsregelungen auch im System abgebildet.

In SAP können komplexe Freigabestrategien auf den Gesamtbestellwert oder Einzelpositionen sowie auf verschiedene Warengruppen eingerichtet werden. Im Folgenden ist exemplarisch die einfachste Variante dargestellt. Hierbei handelt es sich um eine Freigabestrategie ohne weitere Einschränkungen, die alleine vom Gesamtwert der Bestellanforderung abhängig ist.

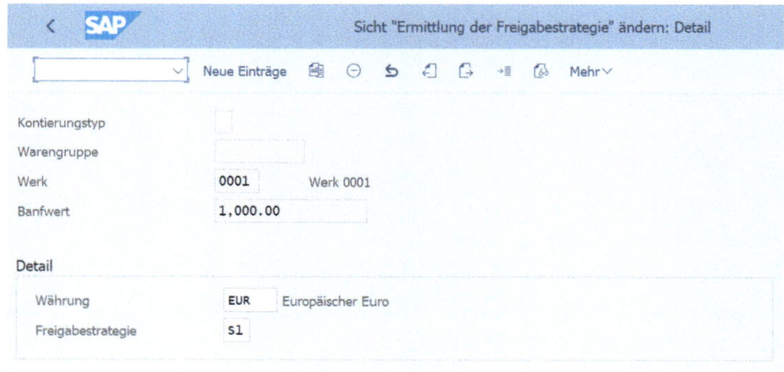

Abb. 5.2 Exemplarische Freigabestrategie (© 2023, SAP SE)

In diesem Fall (Abb. 5.2) müssen Bestellanforderungen mit einem Wert über 1.000 EUR von einer übergeordneten Funktion freigegeben werden (z.B. Kostenstellenverantwortlicher).

Die Freigabestrategien findet man im Customizing über folgenden Pfad:

- SAP-Menü → Werkzeuge → Customizing → IMG → Projektbearbeitung → „SAP Referenz-IMG" → Materialwirtschaft → Einkauf → Bestellanforderung → Freigabeverfahren → Verfahren ohne Klassifizierung (Hinweis: komplexe Verfahren, auf die hier nicht eingegangen wird, finden Sie an der gleichen Stelle eine Zeile tiefer)
- Transaktion **CUST_V_161I**

Buchhalterisch beginnt der Einkaufsprozess erst mit dem Wareneingang, denn in diesem Zeitpunkt wird die erste FI-Buchung ausgelöst. Zuvor werden allerdings auch schon Belege geschrieben: Die Bestellanforderung und die Bestellung werden in Belegen abgelegt und erhalten

Belegnummern. Es handelt sich hierbei um „reine“ Belege des Einkaufs, die in den Tabellen EKKO (Einkaufsbelegkopf) und EKPO (Einkaufsbelegposition) fortgeschrieben werden.

#	Ereignis	Soll	Haben	Betrag
1	Bestellung	N/A	N/A	100
2	Wareneingang	Vorräte (RHB)	WE/RE	100
3	Rechnungseingang	WE/RE	Kreditor (Verb. LuL)	100
4	Zahlung(slauf)	Kreditor (Verb. LuL)	Bankverrechnung	100
5	Kontoauszug	Bankverrechnung	Bank	100

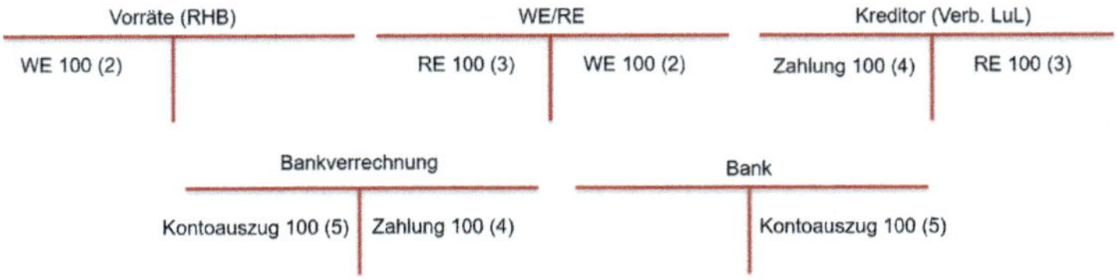

Vorräte (RHB)	
WE 100 (2)	

WE/RE	
RE 100 (3)	WE 100 (2)

Kreditor (Verb. LuL)	
Zahlung 100 (4)	RE 100 (3)

Bankverrechnung	
Kontoauszug 100 (5)	Zahlung 100 (4)

Bank	
	Kontoauszug 100 (5)

Abb. 5.3 Operative Buchungen – Einkaufsprozess in SAP

In der Bilanz taucht der erste Vorgang bei der Buchung des Wareneingangs auf (Per Vorräte 100 an WE/RE 100). Handelsrechtlich wird der Zugang der Ware zu Anschaffungskosten bewertet. Diese sind bei Wareneingang noch nicht bekannt, da die Rechnung über den Wareneingang in der Regel zeitlich nachläuft.

Die beste Näherung an die Anschaffungskosten für die Zugangsbewertung bei Wareneingängen, wenn die Rechnung noch nicht vorliegt, ist der Preis der Bestellung. In SAP wird bei Vorräten, die mit dem gleitenden Durchschnitt geführt werden, der gleitende Durchschnittspreis bei Wareneingang zunächst mit dem Bestellpreis fortgeführt. Erst mit der Buchung der Rechnung wird der gleitende Durchschnittspreis mit der aufgetretenen Preisabweichung korrigiert.

Mit dem Rechnungseingang erfolgen auch der Ausgleich des WE/RE-Kontos und die „Belastung“ des Kreditorenkontos (Per WE/RE-Konto 100 an Kreditor 100). Mit der Durchführung des Zahlungslaufs (Transaktion F110) werden die zu bezahlenden Kreditorenposten ausgeglichen und das Bankverrechnungskonto bebucht (Per Kreditor 100 an Bankverrechnung 100).

Anschließend wird mit Erhalt des Bankkontoauszugs das Bankverrechnungskonto ausgeglichen und das eigentliche Bankkonto belastet (Per Bankverrechnung 100 an Bank 100). Damit ist der Prozess abgeschlossen.

In der Praxis kann es zu Preis- und Mengenabweichungen zwischen Bestellung, Wareneingang und Rechnungseingang kommen. Die Kontrolle darüber erlangt man in SAP über das WE/RE-Konto mittels entsprechender Berichte. Erläuterungen hierzu finden sich im folgenden Kapitel.

5.1.2 WE/RE-Konto

Das WE/RE-Konto ist ein Verrechnungskonto, das mengen- und wertmäßig im Bezug zum bestellten Material geführt wird. Damit werden auf dem WE/RE-Konto je Bestellposition die Preis- und/oder Mengenabweichungen ersichtlich. Ein hilfreicher Bericht zur Betrachtung des WE/RE-Kontos ist die WE/RE-Saldenliste. Die einfache Kontenansicht enthält im Standard nicht die Detailinformationen, die zum Verständnis der Situation auf dem WE/RE-Konto notwendig ist.

Zum Bericht der **WE/RE-Saldenliste** gelangt man über:

- SAP-Menü → Logistik → Materialwirtschaft → Bestandsführung → Umfeld → Saldendarstellung → WE/RE-Saldenliste
- oder Transaktion SA38 und Report **RM07MSAL**
- oder Transaktion **MB5S**

WE/RE-Saldenliste

Mehr Beenden

EkOr EKG Lieferant

EinkBeleg	Pos	Frachtlief	KArt	Eingegangen	Rechnungsmenge	BME	WeWert	RechnBetr. HW	Währg	Bestandssegment
4500001221	20			2	0	ST	2.38	0.00	EUR	
4500001231	10			4	0	ST	80.00	0.00	EUR	
4500001231	20			4	0	ST	40.00	0.00	EUR	
4500001247	10			10	0	ST	100.00	0.00	EUR	
4500001250	10			5	0	ST	25.00	0.00	EUR	
4500001255	10			4	0	ST	20.00	0.00	EUR	
4500001256	10			4	1	ST	15.00	0.00	EUR	
4500001258	10			4	0	ST	20.00	0.00	EUR	
4500001262	10			4	0	ST	20.00	0.00	EUR	
4500001386	10			10	0	ST	100.00	0.00	EUR	
4500001387	10			10	0	ST	100.00	0.00	EUR	
4500001388	10			10	0	ST	100.00	0.00	EUR	
4500001400	10			10	0	ST	50.00	0.00	EUR	
4500001403	10			10	20	ST	100.00	200.00	EUR	
4500001404	10			10	20	ST	0.00	100.00	EUR	
4500001407	10			10	0	ST	100.00	0.00	EUR	
4500001408	10			10	0	ST	100.00	0.00	EUR	
4500001409	10			10	0	ST	100.00	0.00	EUR	
4500001469	10			10	0	ST	100.00	0.00	EUR	

Abb. 5.4 WE/RE-Saldenliste (© 2023, SAP SE)

Die WE/RE-Saldenliste stellt die Wareneingangsmengen und -werte den Rechnungseingangsmengen und -werten einer Bestellung gegenüber. Mit Einkaufsbeleg (Spalte ganz links) ist die Bestellung gemeint. Der Bericht zeigt in den Zeilen Mengen grün an, wenn die Rechnungsmenge kleiner als die Wareneingangsmenge ist. Ist die Rechnungsmenge größer als die Wareneingangsmenge, werden die Mengen rot markiert.

Bei Übereinstimmung der Mengen werden die Positionen ausgeglichen. Dies geschieht regelmäßig mit der Buchung der Rechnung. Die ausgeglichenen Positionen werden in diesem Bericht nicht gezeigt.

Der Bericht „WE/RE-Saldenliste“ erlaubt ein Abspringen in die jeweilige Einzelposition. Mit Doppelklick auf den Einkaufsbeleg (Bestellung – angezeigt ist die Bestellnummer) lässt sich die Bestellentwicklung über den Wareneingang bis hin zum Rechnungseingang verfolgen.

Bestellentwicklung für Bestellung 4500001403 Position 00010

Mehr

Kurzt	BwA	Materialbeleg	Pos.	Buch.dat.	Menge	Bezugsnebenkost	BME	Betrag Hauswähr	HWähr	Menge in BPME
WE	101	5000001062	1	17.03.2022	10	0	ST	100.00	EUR	10
Vorgang Wareneingang					**10**		**ST**	**100.00**	**EUR**	**10**
RE-L		5105600882	1	17.03.2022	10	0	ST	100.00	EUR	10
RE-L		5105600883	1	17.03.2022	10	0	ST	100.00	EUR	10
Vorgang Rechnungseingang					**20**		**ST**	**200.00**	**EUR**	**20**

Abb. 5.5 Beispiel einer Bestellentwicklung (© 2023, SAP SE)

Im obigen Beispiel sind zur Position 10 der Bestellnummer 45000001403 10 Stück eingegangen, 20 Stück wurden hingegen in Rechnung (zwei Rechnungsbelege) gestellt. Zur weiteren inhaltlichen Verfolgung des Geschäftsvorfalls kann auf die einzelne Materialbelegnummer (z.B. WE für Wareneingangsbeleg oder RE-L für logistische Rechnung) geklickt werden. Wir klicken auf die erste Rechnung und erhalten Abb. 5.6.

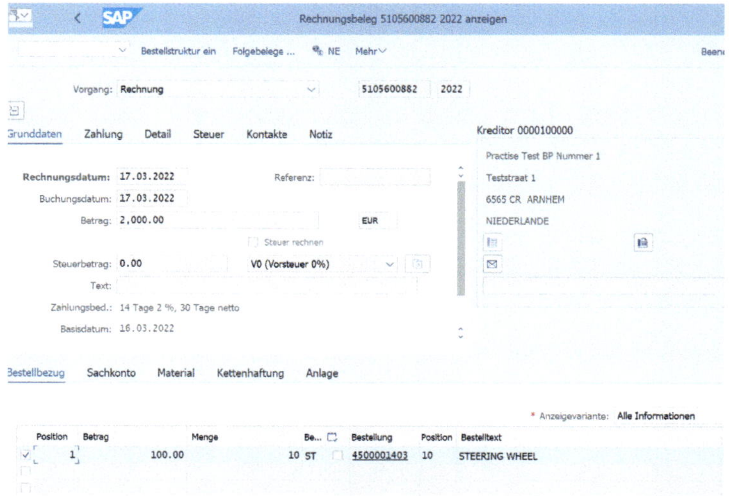

Abb. 5.6 Rechnungsbeleg zur Bestellnummer 45000001403 (© 2023, SAP SE)

Die Abbildung zeigt eine logistische Rechnung mit vielen Detailinformationen. Beim Abschließen dieses Belegs wird zeitgleich – sofern die Kontenfindung richtig gepflegt ist und der Kreditor ebenfalls fehlerfrei angelegt wurde – eine FI-Rechnung generiert. Diese kann über „Folgebelege“ aufgerufen werden. Damit lässt sich die vollständige Prozesskette nachvollziehen.

Hinweis:
Für die operative Pflege des WE/RE-Kontos wird nicht die WE/RE-Saldenliste herangezogen. Diese dient lediglich der Kontrolle und kann Prüfzwecken dienen. Die eigentliche Pflege erfolgt über:

- SAP-Menü → Logistik → Materialwirtschaft → Logistik-Rechnungsprüfung → WE/RE-Kontenpflege → WE/RE-Verrechnungskonto pflegen
- oder Transaktion **MR11**

Dieser Bericht wird nicht für Prüfzwecke empfohlen, da hierüber direkt Buchungen ausgelöst werden können.

5.1.3 Toleranzgrenzen bei Preisabweichungen

Die logistische Rechnungsprüfung (Rechnungsprüfung mit Bestellbezug) ermöglicht eine systemseitige Prüfung nach Mengen- und Preisdifferenzen (ersichtlich wie oben beschrieben auf dem WE/RE-Konto). Um jedoch nicht jeder kleinen Preis- und/oder Mengendifferenz nachzugehen, kann es wirtschaftlich sein, Abweichungen in geringem Umfang zu tolerieren. Hierzu gibt es in SAP umfangreiche Einstellmöglichkeiten zu Toleranzgrenzen, die allgemein oder auch lieferantenabhängig definiert werden können. Die wichtigste ist sicherlich die Preisabweichung des Rechnungspreises im Vergleich zum vereinbarten Bestellpreis.

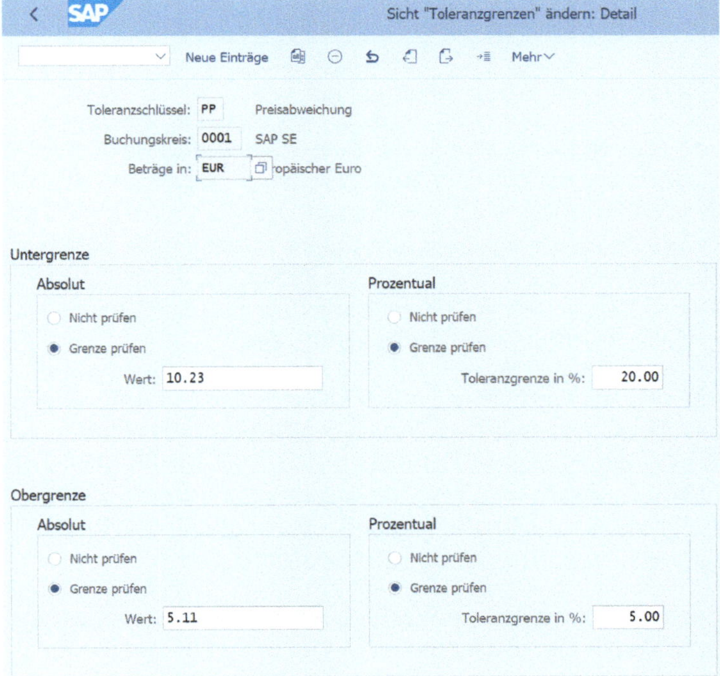

Abb. 5.7 Toleranzgrenzen bei Preisabweichungen nach oben und nach unten, absolut und relativ (© 2023, SAP SE)

Die Toleranzgrenzen werden im Customizing gepflegt, auf das die Anwender in aller Regel leider keinen Zugriff haben (genauso wenig der Prüfer).

Zu den Einstellungen der Toleranzgrenzen gelangt man über:

- SAP-Menü → Werkzeuge → Customizing → Projektbearbeitung → „SAP Referenz-IMG“ → Materialwirtschaft → Logistik-Rechnungsprüfung → Rechnungssperre → Toleranzgrenzen festlegen
- oder Transaktion **OMR6**

5.1.4 Abschlussbuchungen des WE/RE-Kontos

Das WE/RE-Konto ist ein Verrechnungskonto und enthält zwei vollständig unterschiedliche betriebswirtschaftliche Vorgänge. Zum einen gibt es den klassischen Fall des Wareneingangs ohne Rechnungseingang (Per Vorräte an WE/RE). Sind nur diese Vorgänge noch offen, führt dies auf dem Konto zu einem Habensaldo. Das WE/RE-Konto könnte demnach vollständig den sonstigen Rückstellungen zugeordnet werden (Rückstellungen für ausstehende Rechnungen).

Zum anderen können auch Sachverhalte erfasst worden sein, bei denen die Rechnung gebucht, die Ware aber noch nicht angeliefert wurde. Ist der Gefahrenübergang auf dem Transportweg vom Lieferanten ins Unternehmen eingetreten, handelt es sich um schwimmende Ware (auch als „Unterwegsware“ bezeichnet). Die Buchungen, die in diesem Fall ausgelöst werden (Per WE/RE an Kreditor), sind auf den Vorratsbestand umzubuchen (Per Unterwegsware an WE/RE).

SAP sieht das Abschließen des WE/RE-Kontos mit einem WE/RE-Korrekturkonto und zwei Gegenkonten des WE/RE-Korrekturkontos vor. Die Korrekturbuchungen finden ausschließlich auf dem WE/RE-Korrekturkonto und nicht auf dem WE/RE-Konto statt. Auf dem WE/RE-Konto selbst finden nur operative Buchungen statt, auf dem WE/RE-Korrekturkonto hingegen nur Periodenabschlussbuchungen.

Das WE/RE-Konto und das WE/RE-Korrekturkonto saldieren sich zum Periodenende immer auf „null“.

Die Gegenkonten zum WE/RE-Korrekturkonto sind standardmäßig die folgenden zwei Konten:

- ein Konto für Vorgänge „geliefert, (noch) nicht berechnet“ (Vorgangsart: GNB) und
- ein Konto für die Vorgänge „berechnet, (noch) nicht geliefert“ (Vorgangsart: BNG).

Das Konto mit den Vorgängen GNB ist den Rückstellungen und das Konto mit den Vorgängen BNG ist den Vorräten zuzuordnen.

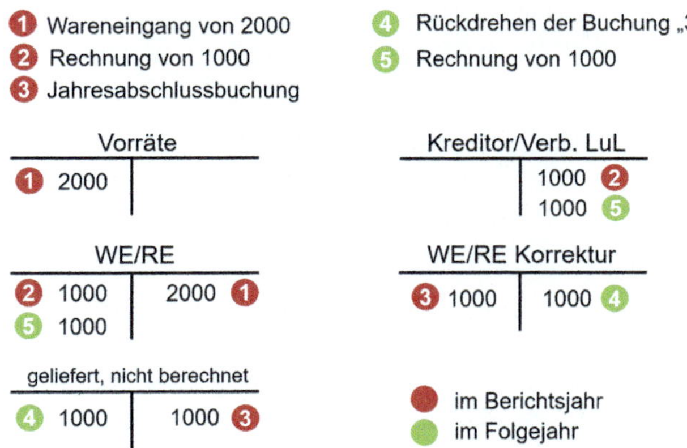

Abb. 5.8 WE/RE-Abschlussbuchung im Falle einer fehlenden Rechnung i.H.v. 1000 zum Periodenende

Beispielhaft könnte für das WE/RE-Konto 191000 das WE/RE-Korrekturkonto 191099 angelegt sein. Die Gegenkonten für „geliefert, nicht berechnet“ und „berechnet, nicht geliefert“ könnten dann „191102 Geliefert, nicht berechnet“ und „191101 Berechnet, nicht geliefert“ genannt werden (siehe Abb. 5.9).

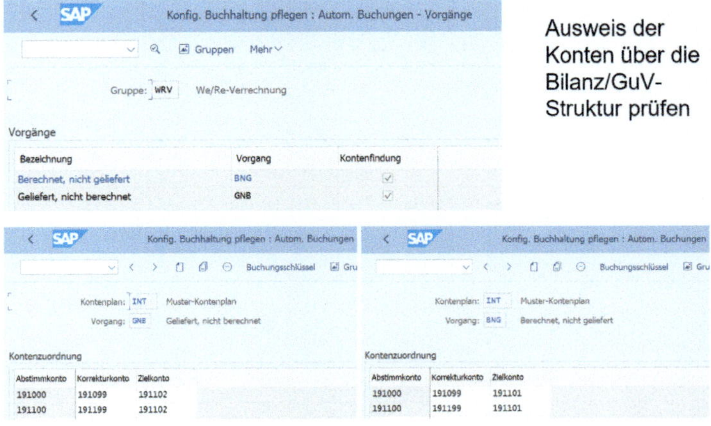

Abb. 5.9 Customizing-Einstellungen zu automatischen Buchungen auf dem WE/RE-Korrekturkonto (© 2023, SAP SE)

Es genügt, wenn der Prüfer im Jahresabschluss die gebuchten WE/RE-Konten, das WE/RE-Korrekturkonto und die Gegenkonten prüft. Die Customizing-Einstellungen müssten lediglich vertieft geprüft werden, wenn die Salden der Konten untereinander nicht aufgehen. Die Prüfung kann mittels eines Berichts zur Analyse des WE/RE-Kontos erfolgen.

Zum WE/RE-Kontoanalyse-Bericht gelangt man über:

- SAP-Menü → Rechnungswesen → Finanzwesen → Hauptbuch → Periodische Arbeiten → Abschluss → Umgliedern → WE/RE-Verrechnung
- oder Transaktion SA38 und Bericht **RFWERE00**
- oder Transaktion **S_P00_07000065**

Nach Eingabe des WE/RE-Kontos, des Buchungskreises und des Stichtags, werden alle Positionen aufgelistet. Über die Zwischensummenfunktion und die Verdichtung („-") kann man zu der nachfolgenden Ansicht gelangen.

Die Summe GNB müsste dem Endsaldo (Haben) des Kontos „geliefert, nicht berechnet" entsprechen. Sollten auch BNG-Vorgänge gebucht worden sein, müsste dem Endsaldo (Soll) des Kontos „berechnet, nicht geliefert" entsprechen. Das WE/RE-Konto und das WE/RE-Verrechnungskonto gehen auf null auf, sodass sich nur die beiden Gegenkonten zum WE/RE-Korrekturkonto auf die Vermögenslage des Unternehmens auswirken.

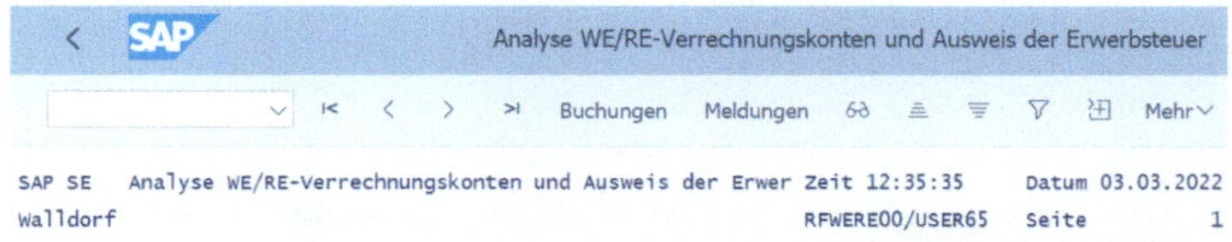

Vor	BuKr	Hauptbuch	EinkBeleg	GsBe	Pos	Belegnr	Hauswährun	St	Lieferant	Abstimmkto
GNB	DE03	191100	4500001235	TK02	10	5000000000	10.00-		BPDE03V1	
GNB	DE03	191100	4500001522	TK02	10	5000000003	100.00-		BPDE03V1	
GNB	DE03	191100	4500001522	TK02	10	5000000004	10.00-		BPDE03V1	
GNB	DE03	191100	4500001522	TK02	10	5000000005	10.00-		BPDE03V1	
GNB	DE03	191100	4500001522	TK02	10	5000000006	10.00-		BPDE03V1	
GNB	DE03	191100	4500001522	TK02	10	5000000007	10.00-		BPDE03V1	
GNB	DE03	191100	4500001522	TK02	10	5000000008	10.00-		BPDE03V1	
GNB	DE03	191100	4500001522	TK02	10	5000000009	10.00-		BPDE03V1	
GNB	DE03	191100	4500001522	TK02	10	5000000010	10.00-		BPDE03V1	
GNB	DE03	191100	4500001522	TK02	10	5000000011	10.00-		BPDE03V1	
GNB	DE03	191100	4500001522	TK02	10	5000000012	10.00-		BPDE03V1	
GNB	DE03	191100	4500001522	TK02	10	5000000013	10.00-		BPDE03V1	
GNB	DE03	191100	4500001522	TK02	10	5000000014	10.00-		BPDE03V1	
GNB	DE03	191100	4500001522	TK02	10	5000000015	10.00-		BPDE03V1	
GNB	DE03	191100	4500001522	TK02	10	5000000016	10.00-		BPDE03V1	
GNB	DE03	191100	4500001531	TK02	10	5000000022	12,000.00-		BPDE03V1	
GNB	DE03	191100	4500001548	TK02	10	5000000032	1,000.00-		BPDE03V1	
GNB	DE03	191100	4500001549	TK02	10	5000000035	10.00-		SUPPLIER1	
GNB	DE03	191100	4500001555	TK02	10	5000000036	100.00-		SUPPLIER1	
GNB	DE03	191100	4500001555	TK02	10	5000000037	90.00-		SUPPLIER1	
GNB	DE03	191100	4500001555	TK02	10	5000000038	100.00-		SUPPLIER1	
GNB	DE03	191100	4500001555	TK02	10	5000000039	10.00-		SUPPLIER1	
GNB	DE03	191100	4500001555	TK02	10	5000000040	20.00-		SUPPLIER1	
GNB	DE03	191100	5500000015	TK02	10	5000000033	20.00-		SUPPLIER1	
* GNB							29,339.12-			

Abb. 5.10 Aufriss des Gesamtsaldos des WE/RE-Kontos nach den Vorgangsarten GNB und BNG (© 2023, SAP SE)

5.2 Verkauf

5.2.1 Übersicht

Der Verkaufsprozess wird in SAP im Modul SD abgebildet. Auch hier werden zwei wesentliche Stammdaten benötigt: der Kunde und der Verkaufsartikel (Materialstamm).

Kunde/ Artikel/Preise	Angebot u. Auftrag	Leistung / Lieferung	Rechnung	Zahlung
» Kunde wird gewonnen » Stammdaten werden angelegt oder geändert » Bonitätsprüfung wird durchgeführt und Kreditlimits werden gepflegt » Kunde wird ggf. versichert bzw. Versicherungsschutz wird geprüft	» Angebot auf Grundlage einer Preisliste oder Angebotskalkulation » Preisnachlässe werden gemäß einer Kompetenzregelung vergeben » Kundenauftrag wird angelegt	» Fertigungsauftrag wird erstellt (Abzweigung in den Prozess „Produktion") » Fertigmeldung des Kundenauftrags und Buchung fertige Erzeugnisse » Kommissionierung » Versand der Ware » Warenabgang bzw. Unterwegsware	» Rechnungsstellung » Versand der Rechnung (postalisch oder elektronisch)	» Prüfen des Zahlungseingangs » Mahnwesen » Zuordnung der Zahlung zum offenen Posten und Ausziffern

Abb. 5.11 Der Standardverkaufsprozess

Sind die Stammdaten vorhanden, beginnt der Prozess mit einem Angebot und einem folgenden Auftrag. In SAP gibt es mehrere Auftragstypen. Möglichweise stößt der Kundenauftrag einen Produktionsprozess, bei Lagerverkäufen eine Kommissionierung und Auslieferung über den Versand an.

Der wichtigste Beleg hierbei ist der Lieferschein, der die Auslieferung mengenmäßig dokumentiert. Mit der Erstellung des Lieferscheins erfolgt die Verbrauchsbuchung (Per Materialaufwand an Vorräte). In regelmäßigen Abständen – manchmal nur monatlich – werden Leistungen fakturiert. Alle fakturierbaren Leistungen finden sich in SAP im sogenannten „Fakturavorrat" wieder. Hierbei handelt es sich um eine Liste bereits ausgelieferter Mengen, die abgerechnet werden können. Bei Generierung der SD-Rechnung wird – sofern keine Kontenfindungs- und Schnittstellenfehler vorhanden sind – zeitgleich eine FI-Rechnung erzeugt. Erst mit der FI-Rechnung wird der Umsatz gebucht (Per Debitor an Umsatzerlöse). Sobald die Rechnung vom Kunden bezahlt wird, wird der offene Posten auf dem Kundenkonto ausgeglichen (Per Bank an Debitor).

#	Ereignis	Soll	Haben	Betrag
1	Angebot u. Auftrag	N/A	N/A	100
2	Leistung / Lieferung	Materialaufwand	Vorräte – fertige Erz.	70
3	Rechnung	Debitor (Ford.LuL)	Umsatzerlöse	100
4	Zahlung/Geldeingang	Bank	Debitor (Ford.LuL)	100

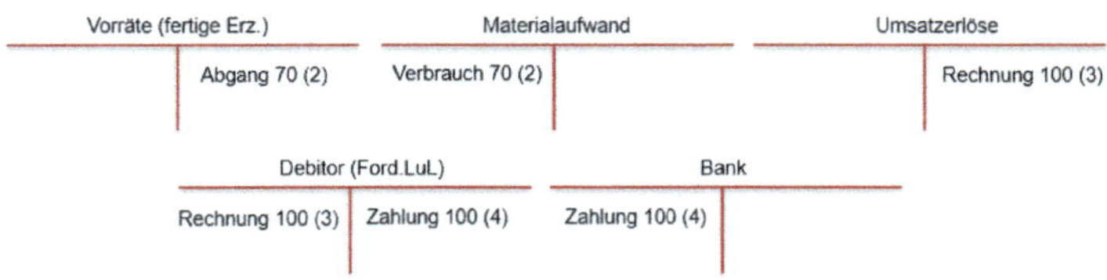

Abb. 5.12 Buchungen im Verkaufsprozess

5.2.2 Fakturavorrat

Der Fakturavorrat enthält alle Lieferungen/Leistungen, die abgerechnet werden können, aber noch nicht abgerechnet wurden. „Alte" Positionen im Fakturavorrat zum Bilanzstichtag können ein Indiz dafür sein, dass die Umsatzerlöse nicht vollständig gebucht wurden.

Zum Fakturavorrat gelangt man über:

- SAP-Menü → Logistik → Vertrieb → Fakturierung → Faktura → Fakturavorrat bearbeiten
- oder Transaktion SA38 und Bericht **SDBILLDL**
- oder Transaktion **VF04**

Praxistipp:
Nach Aufruf der Transaktion VF04 sind folgende Felder sinnvollerweise zu füllen:

- Fakturadatum (üblicherweise bis Bilanzstichtag 31.12.XX)
- Fakturaart (üblicherweise F1 und F2)
- Verkaufsorganisation (alle, die dem zu prüfenden Buchungskreis zugeordnet sind)
- Bei „zu selektierende Belege" ist das Häkchen „Lieferbezogene" zu setzen

SAP Fakturavorrat bearbeiten

Anzeigevarianten Mehr

Fakturadaten

Fakturadatum von: bis: 31.12.2022

Fakturaart: F1 bis: F2

Vertriebsbeleg: bis:

Auswahl VorschlDaten Batch und Verbuchung

Organisationsdaten

Verkaufsorganisation: 0001

Vertriebsweg: bis:

Sparte: bis:

Versandstelle: bis:

Kundendaten

Auftraggeber: bis:

Bestimmungsland/-region: bis:

Sortierkriterium: bis:

Abb. 5.13 Startbildschirm Fakturavorrat mit beispielhafter Selektion (© 2023, SAP SE)

SAP Fakturavorrat bearbeiten

Mehr

A	FkTyp	VkOrg	Fakturadat	AuftrGeber	FkArt	Land/Reg.	Vertr.Bel.	VWeg	SP	Belegtyp	Adresse	Name des Auftraggebers	Ort des AG	Sort
X	L	DE03	27.02.2022	BPDE03C1	F2	DE	80000145	01	01	J	24060	Customer1	Frankfurt	
X	L	DE03	27.02.2022	BPDE03C1	F2	DE	80000147	01	01	J	24060	Customer1	Frankfurt	
X	L	DE03	27.02.2022	BPDE03C1	F2	DE	80000150	01	01	J	24060	Customer1	Frankfurt	
X	L	DE03	28.02.2022	BPDE03C1	F2	DE	80000140	01	01	J	24060	Customer1	Frankfurt	
X	L	DE03	28.02.2022	BPDE03C1	F2	DE	80000146	01	01	J	24060	Customer1	Frankfurt	
X	L	DE03	28.02.2022	BPDE03C1	F2	DE	80000148	01	01	J	24060	Customer1	Frankfurt	
X	L	DE03	28.02.2022	BPDE03C1	F2	DE	80000149	01	01	J	24060	Customer1	Frankfurt	
X	L	DE03	28.02.2022	BPDE03C1	F2	DE	80000153	01	01	J	24060	Customer1	Frankfurt	
X	L	DE03	28.02.2022	BPDE03C1	F2	DE	80000154	01	01	J	24060	Customer1	Frankfurt	
X	L	DE03	28.02.2022	BPDE03C1	F2	DE	80000155	01	01	J	24060	Customer1	Frankfurt	
X	L	DE03	28.02.2022	BPDE03C1	F2	DE	80000156	01	01	J	24060	Customer1	Frankfurt	
X	L	DE03	28.02.2022	BPDE03C1	F2	DE	80000157	01	01	J	24060	Customer1	Frankfurt	
X	L	DE03	28.02.2022	BPDE03C1	F2	DE	80000158	01	01	J	24060	Customer1	Frankfurt	
X	L	DE03	28.02.2022	BPDE03C1	F2	DE	80000159	01	01	J	24060	Customer1	Frankfurt	
X	L	DE03	28.02.2022	BPDE03C1	F2	DE	80000161	01	01	J	24060	Customer1	Frankfurt	

Abb. 5.14 Fakturavorrat (Auszug) zum 31.12.2022 (© 2023, SAP SE)

Einzelsachverhalte können geprüft werden, indem die gewünschte Zeile des Fakturavorrats ausgewählt und der Menüpunkt Mehr → Umfeld → Beleg anzeigen ausgewählt wird. Das System springt dann direkt in den Vertriebsbeleg (in diesem Fall „Lieferung“).

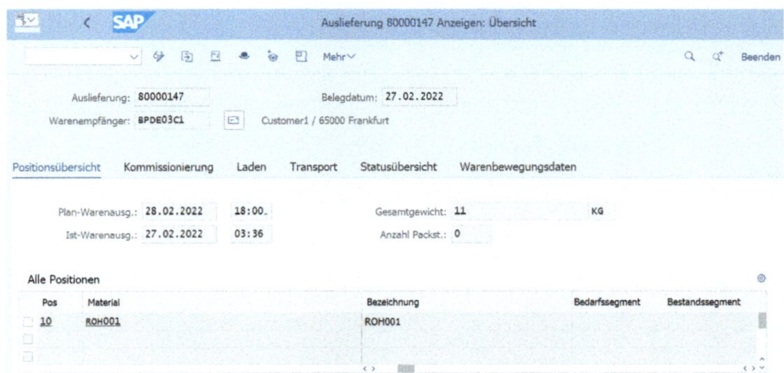

Abb. 5.15 Abrechenbare Lieferung 80000147 (© 2023, SAP SE)

Über den Menüpunkt Mehr →Umfeld → Belegfluss können die bis dahin angefallenen Geschäftsvorfälle angezeigt werden.

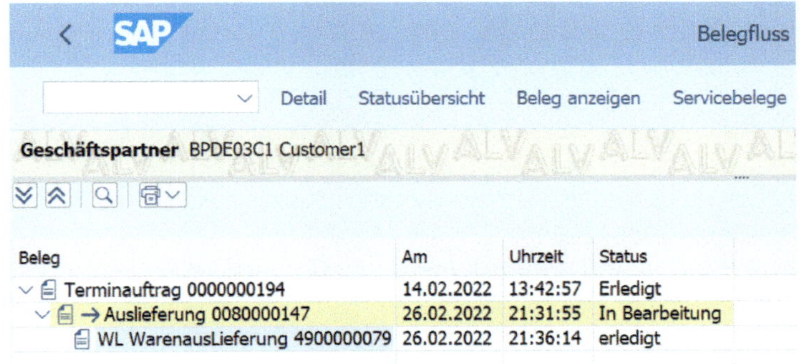

Abb. 5.16 Belegfluss zur Lieferung 80000147 (© 2023, SAP SE)

Aus dem Belegfluss ist zu erkennen, dass die Lieferung auf Grundlage eines Terminauftrags erfolgt ist. Für die Warenlieferung ist ein Transportauftrag erteilt und die Warenauslieferung ist gebucht. Weitere Belege liegen nicht vor. Wenn eine Rechnung vorhanden wäre, würden diese angezeigt werden. Der Sachverhalt „hängt“ somit nachvollziehbar im Fakturavorrat. Die Lieferung ist erfolgt, die Rechnung ist allerdings noch ausstehend.

5.2.3 Gesperrte Rechnungen

Ganz ähnlich wie mit dem Fakturavorrat verhält es sich mit „gesperrten Rechnungen“. Auch hier wurde bereits ausgeliefert, die Erlösbuchung ist noch nicht erfolgt, während der Materialabgang und damit der Aufwand bereits gebucht ist.

Zu den **gesperrten Rechnungen** gelangt man über:

- SAP-Menü → Logistik → Vertrieb → Fakturierung → Faktura → Gesperrte Rechnungen
- oder Transaktion SA38 und Bericht **SDBLBDDL**
- oder Transaktion **VFX3**

Um die Auswertung zu starten, wird auf den Praxishinweis zum Fakturavorrat verwiesen.

Für die fehlende Weiterverbuchung einer Rechnung nach FI kann es verschiedene Gründe geben:

- **Buchhaltungssperre:** Diese Sperre greift nur für die Finanzbuchhaltung. Das Debitorenkonto (FI-AR) ist damit gesperrt. Die in dem Modul SD generierten Rechnungen können somit nicht in die Finanzbuchhaltung übertragen werden und sammeln sich unter „gesperrte Rechnungen“.
- **Fehler in RW-Schnittstelle:** Kontenfindungsfehler zwischen SD und FI.
- **Preisfindungsfehler:** Preise für die verkauften Produkte konnten nicht ermittelt werden.
- **Außenhandelsdaten:** fehlende Außenhandelsdaten (nur für Exporte relevant).
- **Fehlende Autorisierung:** Auftragswert überschreitet den Betrag, den ein Benutzer abrechnen darf.

Die folgenden Merkmale sollten beim Start der Auswertung ausgewählt sein.

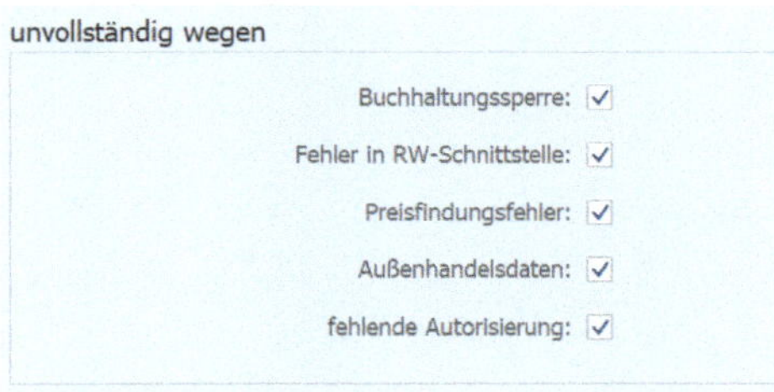

Abb. 5.17 Sperrgründe für SD-Rechnungen (© 2023, SAP SE)

5.2.4 Erlösrealisierung

Ist im Verkaufsprozess sowohl die Lieferung/Leistung erfolgt und die Rechnung gestellt, sind Materialaufwand und Umsatzerlöse gebucht. Es könnte allerdings sein, dass die Erlösrealisierung mangels Abnahme oder mangels Gefahrenübergang noch nicht eingetreten ist. Um dies zu prüfen, kann eine Liste aller fakturierten Leistungen unmittelbar vor Bilanzstichtag ausgewertet werden. Solch eine Liste kann in SAP über den Auslieferungsmonitor erfolgen.

Zum Auslieferungsmonitor gelangt man über:

- SAP-Menü → Logistik → Vertrieb → Versand und Transport → Auslieferung → Listen und Protokolle → Auslieferungsmonitor
- oder Transaktion SA38 und Bericht **WS_DELIVERY_MONITOR**
- oder Transaktion **VL06O**

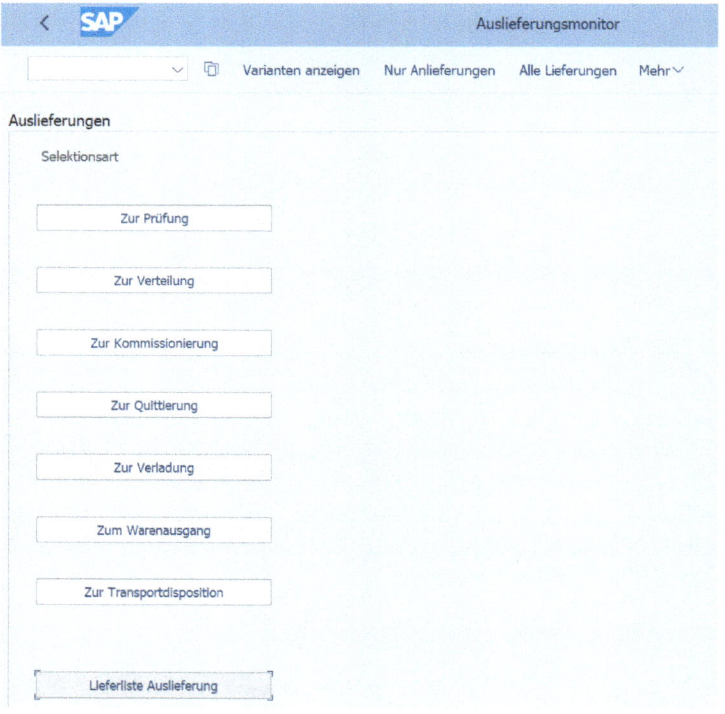

Abb. 5.18 Auslieferungsmonitor (© 2023, SAP SE)

Über die Auswahl „Lieferliste Auslieferung" steht dem Anwender eine umfangreiche Auswahl an Selektionsmöglichkeiten zur Verfügung.

Um eine präzise Liste zu generieren, ist die Verkaufsorganisation (alle, die zum zu prüfenden Buchungskreis gehören) sowie eine Periode des Liefertermins zu füllen (z.B. 01.12. bis 31.12.XX).

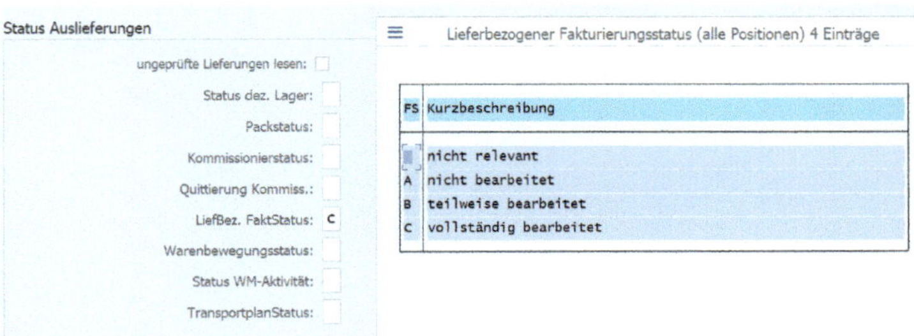

Abb. 5.19 Fakturastatus „C" (© 2023, SAP SE)

Um sicherzustellen, dass nur vollständig abgerechnete Lieferungen selektiert werden, ist ergänzend im Auswahlblock „Status Auslieferungen" das Feld Fakturastatus mit dem Kennzeichen „C" zu füllen.

Als Ergebnis erhält man eine Liste abgerechneter Lieferungen/Leistungen wenige Tage vor der Bilanzstichtag. Um den Warenweg abschätzen zu können, kann über das Layout der Ort des Warenempfängers hinzugefügt werden.

Liste Auslieferungen

Positionssicht Mehr

Lieferung	Warenempf.	Name des Warenempfängers	KommiDatum	TranspDisp	Warenausgang	Lieferdatum
80000199	400003	Lifeline Care AS	01.04.2022	01.04.2022	04.04.2022	04.04.2022
80000213	400004	Tesco IE	04.04.2022	04.04.2022	04.04.2022	04.04.2022
80000256	400004	Tesco IE	19.04.2022	19.04.2022	19.04.2022	19.04.2022
80000257	400004	Tesco IE	19.04.2022	19.04.2022	19.04.2022	19.04.2022
80000258	400004	Tesco IE	19.04.2022	19.04.2022	19.04.2022	19.04.2022
80000259	400004	Tesco IE	19.04.2022	19.04.2022	19.04.2022	19.04.2022
80000260	400004	Tesco IE	19.04.2022	19.04.2022	19.04.2022	19.04.2022
80000261	400004	Tesco IE	19.04.2022	19.04.2022	19.04.2022	19.04.2022
80000262	400004	Tesco IE	19.04.2022	19.04.2022	19.04.2022	19.04.2022
80000263	400004	Tesco IE	19.04.2022	19.04.2022	19.04.2022	19.04.2022
80000264	400004	Tesco IE	19.04.2022	19.04.2022	19.04.2022	19.04.2022
80000265	400004	Tesco IE	19.04.2022	19.04.2022	19.04.2022	19.04.2022
80000266	400004	Tesco IE	19.04.2022	19.04.2022	19.04.2022	19.04.2022
80000267	400004	Tesco IE	19.04.2022	19.04.2022	19.04.2022	19.04.2022
80000269	400004	Tesco IE	22.04.2022	22.04.2022	22.04.2022	22.04.2022
80000270	400004	Tesco IE	22.04.2022	22.04.2022	22.04.2022	22.04.2022
80000271	400004	Tesco IE	22.04.2022	22.04.2022	22.04.2022	22.04.2022
80000272	400004	Tesco IE	22.04.2022	22.04.2022	22.04.2022	22.04.2022
80000273	400004	Tesco IE	22.04.2022	22.04.2022	22.04.2022	22.04.2022
80000276	400004	Tesco IE	19.04.2022	19.04.2022	19.04.2022	20.04.2022
80000277	400004	Tesco IE	20.04.2022	01.02.2022	20.04.2022	01.02.2022
80000279	400004	Tesco IE	07.02.2022	07.02.2022	07.02.2022	07.02.2022
80000280	400004	Tesco IE	08.02.2022	08.02.2022	08.02.2022	08.02.2022
80000281	BPDE03C1	Customer1	12.02.2022	14.02.2022	14.02.2022	14.02.2022
80000288	400023	Nectar International Ltd	13.04.2022	13.04.2022	13.04.2022	13.04.2022
80000289	400023	Nectar International Ltd	13.04.2022	13.04.2022	13.04.2022	13.04.2022
80000299	BPDE03C1	Customer1	12.02.2022	14.02.2022	14.02.2022	14.02.2022
80000449	200	DOMESTIC CUSTOMER 1 1010/1111	28.02.2022	28.02.2022	28.02.2022	28.02.2022
80000450	202	DOMESTIC CUSTOMER 2 1111	28.02.2022	28.02.2022	28.02.2022	01.03.2022
80000451	202	DOMESTIC CUSTOMER 2 1111	01.03.2022	01.03.2022	01.03.2022	01.03.2022

Abb. 5.20 Liste fakturierter Lieferungen/Leistungen im Dezember 2022 (© 2023, SAP SE)

Erfüllungsorte im Ausland können auf einen längeren Warenweg hinweisen. Per Doppelklick auf die Lieferscheinnummer (z.B. 80000449) gelangt man in den Lieferschein (z.B. Lieferschein 80000449).

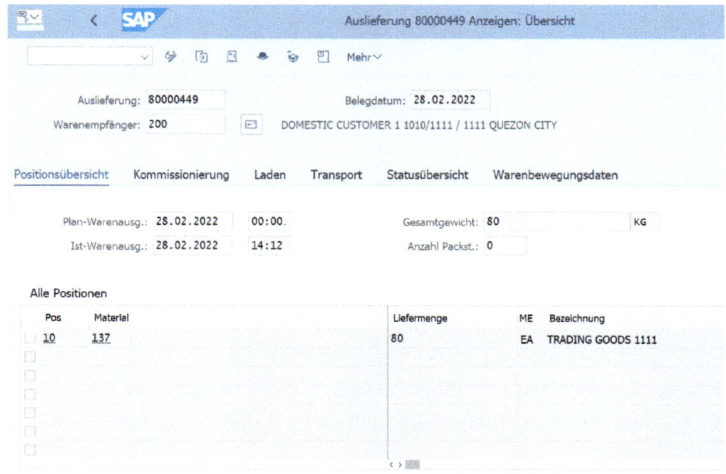

Abb. 5.21 Lieferschein 80000449 (© 2023, SAP SE)

In nächsten Schritt können über den Belegfluss (Mehr → Umfeld → Belegfluss) sämtliche Belege und Warenbewegungen eingesehen werden (Abb. 5.22).

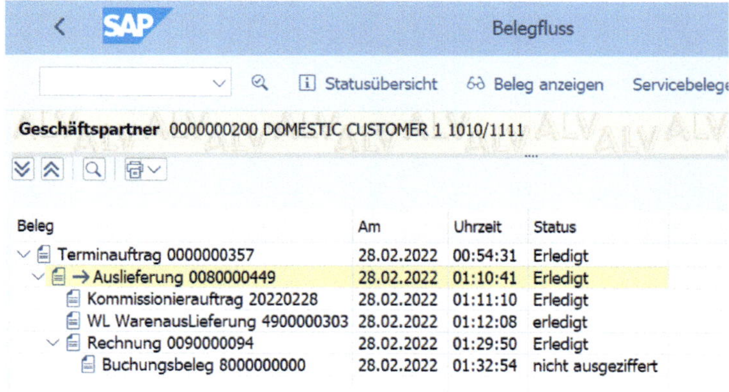

Abb. 5.22 Belegfluss einer Lieferung bei vorhandener Rechnung (© 2023, SAP SE)

Markieren Sie nun den Terminauftrag und klicken oben im Menüband auf „Beleg anzeigen“. Hierdurch gelangen Sie in den Kundenauftrag und können die vereinbarten Inco-Terms anzeigen, die eine gute Indikation für den Gefahrenübergang sind. Die Inco-Terms befinden sich nicht nur im Kopf des Terminauftrags, sondern auch in den jeweiligen Positionen. Mit dieser Vorgehensweise können kritische Sachverhalte gezielt geprüft werden.

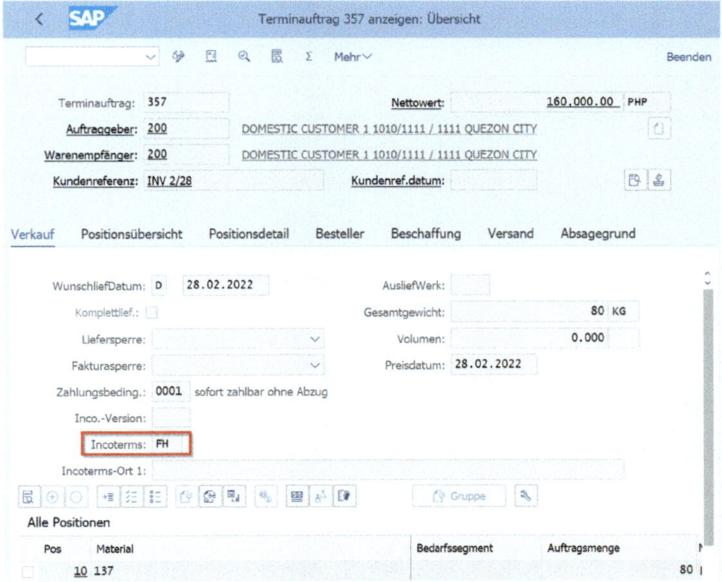

Abb. 5.23 Ermittlung der Inco-Terms über Terminauftrag (© 2023, SAP SE)

5.3 Vorräte

5.3.1 Übersicht

Der Vorratsprozess beginnt mit der Anlage des Materialstammsatzes. Mit ihm wird festgelegt, ob es sich um bezogene oder selbst hergestellte Produkte handelt. Die Wareneingänge bei bezogenen, bestandsgeführten Produkten werden gegen das WE/RE-Konto gebucht (Per Vorräte an WE/RE-Konto). Die Zugangsbewertung bei bezogenen Produkten erfolgt mit dem fortgeschriebenen gleitenden Durchschnittspreis

(„V-Preis"). Bei selbst hergestellten Produkten erfolgt die Zugangsbewertung zu Planherstellungskosten („S-Preis" für Standardpreis).

Die Folgebewertung – sprich: die Bewertung zum Stichtag – kann für beide Kategorien wieder ähnlich erfolgen. Hier bietet SAP die Ermittlung eines Niederstwerts auf Basis des letzten Bezugspreises, einen Abschlag für geringe Gängigkeiten und lange Reichweiten sowie eine automatisierte verlustfreie Bewertung an. Die Bewertung zu einem Verbrauchsfolgeverfahren (FIFO, LIFO) kann ebenfalls automatisiert erfolgen.

Mit der Auslieferung (Erstellung des Lieferscheins) erfolgt die Abgangsbuchung mengen- und wertemäßig (Per Materialaufwand an Vorräte). Nach Durchführung einer Inventur werden Bestandskorrekturen über Inventurbelege gebucht. Jede Warenbewegung (Wareneingang, Warenausgang, Umbuchung, Inventur, etc.) wird in der Materialwirtschaft mit einer Bewegungsart gebucht. Dies ermöglicht eine eindeutige Identifizierung der Vorgänge und ist Grundlage für die Kontenfindung des Sachkontos des Hauptbuchs.

Abb. 5.24 Vereinfachter Vorratsprozess

5.3.2 Materialstammdaten

Der Materialstammsatz ist der komplexeste Stammsatz, den SAP bietet. Er hat über 200 Felder, die benötigt werden, um sämtliche Parameter für die Lagerhaltung, den Materialfluss, den Produktionsprozess, die Kostenrechnung, die Finanzbuchhaltung sowie einkaufs- und verkaufsrelevante Sachverhalte vollständig abzubilden.

Materialstammdaten lassen sich wie folgt anzeigen:

- SAP-Menü → Logistik → Materialwirtschaft → Materialstamm → Material → Anzeigen → Anzeigen akt. Stand
- oder Transaktion **MM03**

Die für die Zugangsbewertung relevanten Parameter finden sich im Materialstammsatz und der Karteireiter „Buchhaltung 1".

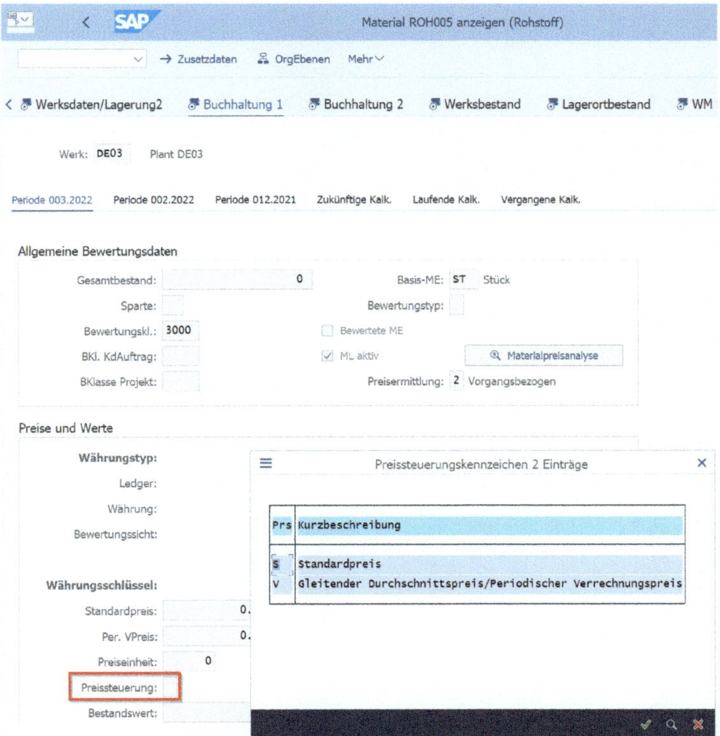

Abb. 5.25 Steuerung der Zugangsbewertung über das Feld „Preissteuerung" (© 2023, SAP SE)

Die Werte der Folgebewertung werden bei Durchführung von Bewertungsläufen in eines der frei definierten Felder des Materialstammsatzes geschrieben.

Die Standardpreise (Planherstellungskosten) werden auf Basis einer Kalkulation ermittelt und im Anschluss in den Stammsatz geschrieben.

In Abb. 5.25 sieht man, dass auch ein gleitender Durchschnittspreis mitgeschrieben wird. Dieser kommt jedoch nicht zur Anwendung, da das Material „S-Preis-gesteuert“ ist.

5.3.3 Niederstwertermittlung

Um die Folgewertung am Bilanzstichtag eines Materials nach dem Niederstwertprinzip durchzuführen, bietet das SAP-System verschiedene Verfahren zur Niederstwertermittlung, die beliebig miteinander verknüpft werden können:

- Niederstwertermittlung nach Marktpreis
- Niederstwertermittlung nach Reichweite
- Niederstwertermittlung nach Gängigkeit
- Verlustfreie Bewertung

Bei der **Niederstwertermittlung nach Marktpreisen** sucht das System zu jedem Material aus verschiedenen gespeicherten Preisen den niedrigsten – oder alternativ dazu den letzten – Preis heraus. Der Zeitraum, aus dem die Vergleichspreise (aus Rechnungen, Bestellungen, Kontrakten, Lieferplänen, Einkaufsinfosätze oder den sechs freien Feldern im Stammsatz, siehe Abb. 5.26) ermittelt werden, kann begrenzt werden.

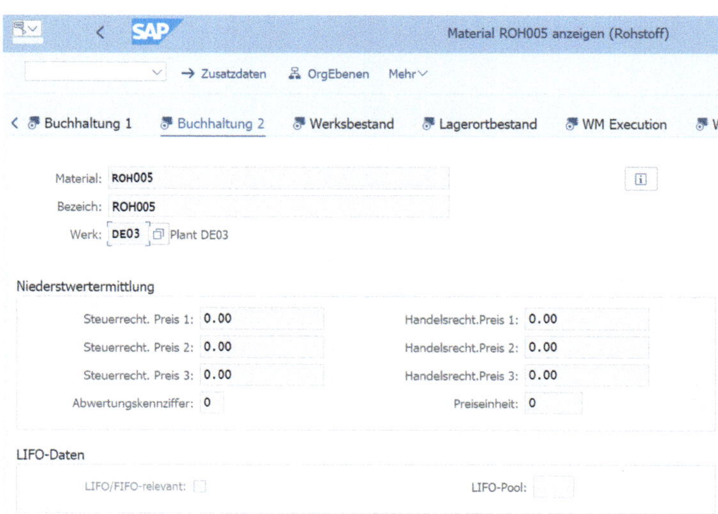

Abb. 5.26 Sicht „Buchhaltung 2“ für sechs freie Felder der Niederwertermittlung (© 2023, SAP SE)

Bei der **Niederstwertermittlung nach Reichweite** untersucht das System, ob der Preis eines Materials aufgrund großer Reichweite abgewertet werden kann. Die Reichweite eines Materials errechnet SAP wie folgt:

Reichweite = mittlerer Bestand / mittlerer Verbrauch

Der mittlere Bestand ist ein gewichteter Durchschnitt aus mehreren Periodenbeständen. Das Customizing kann so eingestellt sein, dass der mittlere Bestand um Reservierungen für Verkaufsaufträge vermindert und um Bestellungen vermehrt wird. Die betroffenen Perioden und Gewichtungsfaktoren können vom Startbild aus bestimmt werden.

Für den mittleren Verbrauch sind zwei Berechnungsansätze möglich: der gewichtete Durchschnitt auf Basis des Verbrauchs in der Vergangenheit oder der gewichtete Durchschnitt der Prognosewerte, die bei dem letzten Prognoselauf ermittelt wurden.

Bei der **Niederstwertermittlung nach Gängigkeit** untersucht das System, ob der Preis eines Materials aufgrund von Nichtgängigkeit abgewertet werden soll.

Die Gängigkeit eines Materials wird anhand der Zugänge oder Abgänge des Materials und des mittleren Materialbestands ermittelt:

Gängigkeit = Gesamtmenge der Zu- oder Abgänge / Materialbestand * 100

Die Gängigkeit eines Materials wird durch den Prozentsatz gekennzeichnet, der beschreibt, wie viele Mengeneinheiten im Verhältnis zum Materialbestand zu- oder abgegangen sind.

Dieser Prozentsatz wird mit einem vorgegebenen Schwellenwert verglichen: Ist der Prozentsatz der Zu- oder Abgänge kleiner als der Schwellenwert, gilt das Material als nichtgängig, ist er größer, so gilt das Material als gängig.

Die Gängigkeit lässt sich über Materialbelege oder über den Materialstammsatz ermitteln.

Bei der Ermittlung über Materialbelege kann die Gängigkeit für Zugänge und für Abgänge untersucht werden. Wenn beide Gängigkeiten (für Zu- und für Abgänge) kleiner als ein definierter Schwellenwert sind, erfolgt eine Abwertung. Bei der Ermittlung über den Materialstammsatz werden nur Abgänge berücksichtigt. Diese Verfahrensform ist erheblich zeitgünstiger als die Ermittlung über die Materialbelege.

Der zur Berechnung der Gängigkeit herangezogene Materialbestand kann als Mittel der Endbestände über vergangene Buchungsperioden definiert werden. Für Materialbestände und -bewegungen müssen Gewichtungsfaktoren angegeben werden. Deren Pflege erfolgt im Customizing.

Bei der Niederstwertermittlung „**Verlustfreie Bewertung**" vergleicht das System einen vom Anwender ermittelten Verkaufspreis (ggf. abzüglich eines Gemeinkostensatzes sowie der bis zum Verkauf noch anfallenden geschätzten Kosten) mit einem der Inventurpreise im Materialstammsatz. Ergibt sich aus dem Vergleich ein niedrigerer Wert als einer der zuletzt berechneten Inventurpreise, schreibt das System diesen in einem der sechs frei wählbaren Felder im Materialstammsatz fort.

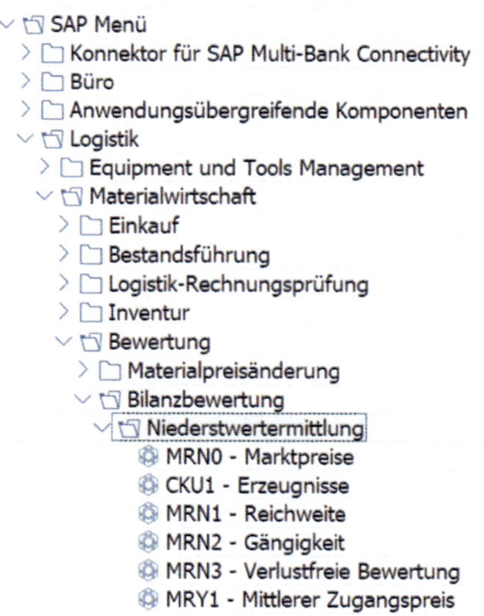

Abb. 5.27 SAP-Menü zu den Verfahren der Niederstwertermittlung (© 2023, SAP SE)

5.3.4 Liste der Bestandswerte und Abstimmung mit Hauptbuch

Eine für die Jahresabschlusserstellung und -prüfung geeignete Liste der in den Vorräten gebuchten Bestandswerte kann wie folgt aufgerufen werden:

- SAP-Menü → Logistik → Materialwirtschaft → Bilanzbewertung → Bewertung → Ergebnisse → Bilanzwert pro Konto
- oder Transaktion SA38 und Bericht **RMNIWE90**
- oder Transaktion **MRN9**

Zum Ausführen der Transaktion wählt man den Buchungskreis und den Stichtag. Um alle Materialien zu selektieren, empfiehlt es sich, mit „1" zu beginnen und bei der maximalen Anzahl an Neunern aufzuhören („999999999").

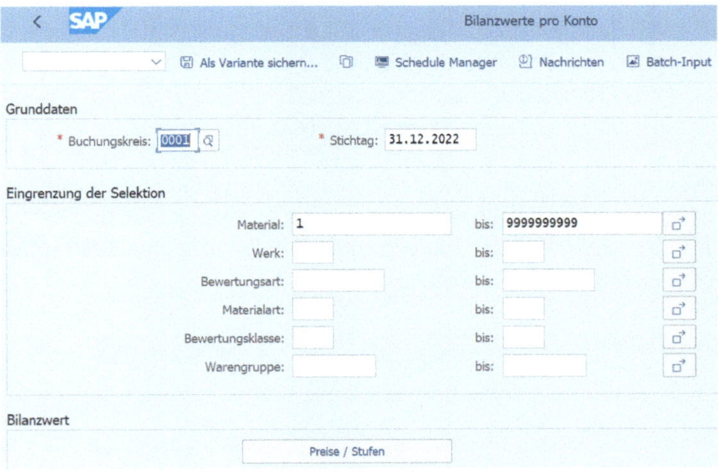

Abb. 5.28 Bilanzwerte pro Konto / Selektion des gesamten Bestands (© 2023, SAP SE)

Man erhält eine Liste, die pro Material die Bestandsmenge, den Bewertungspreis sowie den Gesamtwert ausgibt. Wären aufgrund von Abwertungsroutinen Wertberichtigungen gebucht worden, würden diese im Feld „Abschlag" zu erkennen sein. Der Bericht zieht Summen auf Sachkonten, die direkt mit der Bilanz (RFBILA00) abgestimmt werden können.

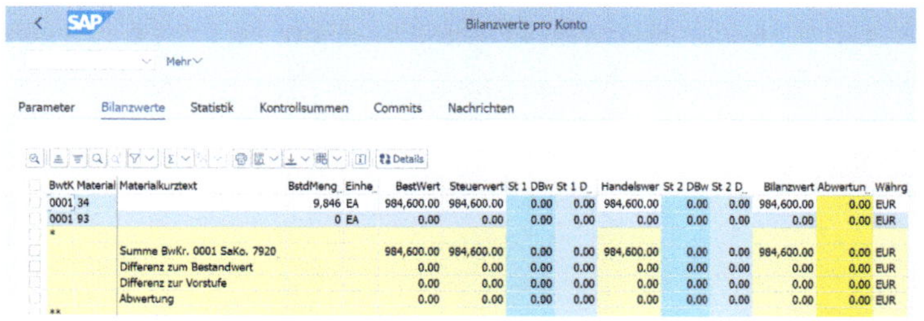

Abb. 5.29 Liste der Bestandswerte je Material und summarisch auf Sachkonto (© 2023, SAP SE)

Um eine vollständige Abstimmung zwischen der Materialwirtschaft und der Finanzbuchhaltung durchführen zu können, stellt SAP einen sehr nützlichen Abstimmbericht zur Verfügung.

Bei Einsatz des neuen Hauptbuchs findet sich der Bericht unter

- SAP-Menü → Finanzwesen → Materialwirtschaft → Hauptbuch → Periodische Arbeiten → Abschluss → Prüfen/Zählen → Saldenabgleich: Hauptbuch – Materialwirtschaft
- oder über die Transaktionen **FAGL_MM_RCON**

Bei Einsatz des „alten" Hauptbuchs (nur noch SAP ERP) findet man den Bericht im SAP-Menüpfad zwar an derselben Stelle, der Aufruf über die Transaktion SA38 muss jedoch über die Abstimmberichte **RM07MM-FI** oder **RM07MBST** erfolgen.

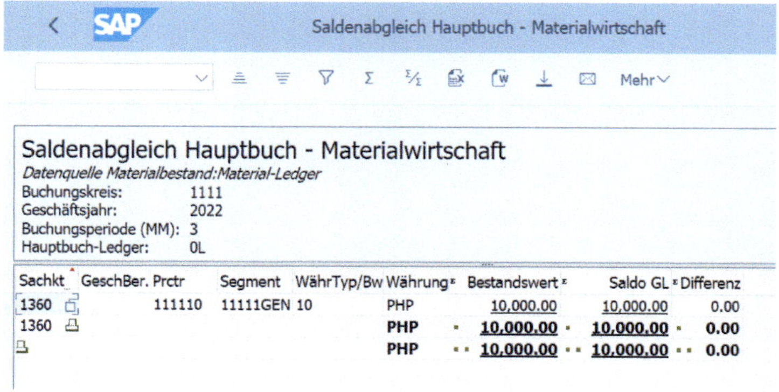

Abb. 5.30 Bericht „Saldenabgleich Hauptbuch – Materialwirtschaft", neues Hauptbuch (© 2023, SAP SE)

Aus der oben aufgeführten Abstimmung geht hervor, dass alle Bewegungen und Bewertungen der Materialwirtschaft summarisch mit dem Konto 1360 des Hauptbuchs übereinstimmen.

6 Tipps und Tricks

6.1 Prüfungsvorbereitung

Wie jede Prüfung, muss auch die Prüfung in der SAP-ERP-Umgebung des Mandanten gut vorbereitet werden. Neben der fachlichen Einarbeitung in die Themen sind mit dem Mandanten vor allem die benötigte technische Ausstattung sowie die erforderlichen Zugriffsrechte innerhalb des Systems zu klären.

Es empfiehlt sich, hierzu ein Merkblatt zu erstellen, welches dem Mandanten im Vorfeld der Prüfung zur Verfügung gestellt wird.

6.1.1 Technische Ausstattung

Der Zugriff auf das SAP-System des Mandanten kann entweder über ein Gerät des Mandanten oder den Rechner des Prüfers erfolgen. In jedem Fall ist für die Prüfung ein eigener Zugang zum SAP-System erforderlich.

Wird seitens des Mandanten ein in das Firmennetz eingebundener Arbeitsplatzrechner zur Verfügung gestellt, sollte dieser die folgenden Voraussetzungen erfüllen:

- Ausstattung mit Office-Programmen wie Word oder Excel, da verschiedene Daten-Downloads aus SAP in Word oder Excel erfolgen,
- Anschluss an einen lokalen Drucker, damit Screenshots, Listen und Ergebnisse direkt ausgedruckt werden können,
- lokales Ablageverzeichnis zur Ablage exportierter Daten-Downloads und Ergebnis-Dateien aus dem System sowie
- USB-Schnittstelle für die Datenübernahme oder Zugang zu einem Ablageverzeichnis in der Cloud, aus dem die Daten dann später zur Dokumentation der Prüfung wieder heruntergeladen werden können.

Empfehlenswert ist die Einrichtung des SAP-Zugriffs auf dem eigenen Rechner des Prüfers, da hierauf häufig bereits Auswertungsprogramme zur Weiterbearbeitung von Daten installiert sind und da Ergebnisse ggf. direkt in vorgefertigte Arbeitspapiere oder Berichte eingebunden werden können (z.B. Screenshots).

Idealerweise kann auch ein Remote-Zugriff auf das Mandantensystem eingerichtet werden, um flexibel prüfen zu können und nicht durchgängig beim Mandanten vor Ort sein zu müssen.

Bei einem Zugriff vom prüfereigenen Rechner aus ist die Installation eines SAP GUI erforderlich oder der Zugriff erfolgt über eine VPN-Verbindung (Virtual Private Network) und den Aufruf des SAP GUI in einer Terminal-Server-Sitzung (zumeist über Citrix).

Beispiel

Bei Systemzugang über den prüfereigenen Rechner sind im SAP GUI die entsprechenden Zugangsdaten einzurichten. Hierbei sind neben den Verbindungsdaten (IP-Adresse, Instanznummer und System-ID) auch die Verknüpfungsdaten (Benutzerkennung, Mandant, Sprache) zu pflegen. Aus Sicherheitsgründen empfiehlt es sich nicht, das zur Benutzerkennung gehörende Passwort in den Anmeldedaten zu hinterlegen.

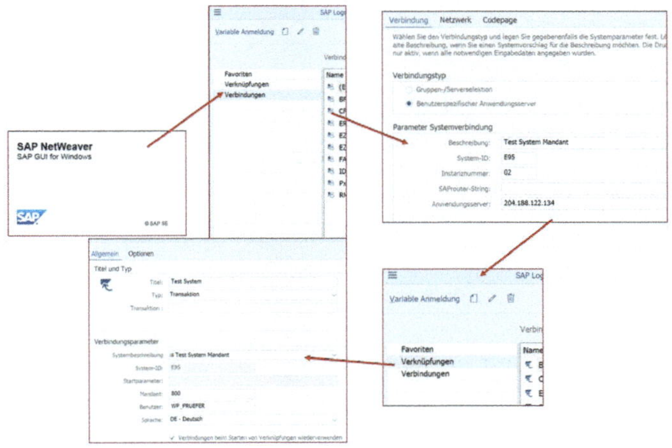

Abb. 6.1 Einrichtung des SAP GUI auf dem Prüferarbeitsplatz (© 2023, SAP SE)

Je nach zur Verfügung gestellter SAP-GUI-Version kann sich im Übrigen auch die Ansicht in Ihrem System von unseren Screenshots unterscheiden. Innerhalb dieses Buchs wird SAP GUI in der Version 7.60 verwendet.

6.1.2 Erforderliche Zugriffsrechte

Neben der technischen Einrichtung des Benutzerzugangs sind die für die Prüfung benötigten Zugriffsrechte in der Systemumgebung des Mandanten festzulegen.

Häufig erhalten Prüfer für ihre Prüfungshandlungen im SAP-System des Mandanten Zugriffsrechte aus den Fachbereichen, wie z.B. die Zugriffrechte des Abteilungsleiters oder eines Sachbearbeiters. Nicht selten finden sich in der Praxis auch Prüferkennungen, denen das umfangreiche Administrationsprofil SAP_ALL zugewiesen wurde. Hiermit sind neben Lese-Rechten auch Schreib- und Lösch-Rechte verbunden und es ist nicht nur der Zugriff auf den zu prüfenden Buchungskreis, sondern auf alle angelegten Buchungskreise des Mandanten in SAP möglich.

Praxistipp:
Durch die DSAG (Deutschsprachige SAP-Anwendergruppe e.V.) wurden rund 80 Prüferrollen entwickelt, die durch SAP im System bereits angelegt sind. Sie ermöglichen einen Lese-Zugriff auf das System und stellen sich im System wie folgt dar:

- Alle Prüferrollen beginnen mit SAP_AUDITOR_XXX, wobei XXX das entsprechende Prüffeld bezeichnet.
- Rollen **ohne** abschließendes „_A“ beinhalten keine Berechtigungen, sondern lediglich die benötigten Menüoberflächen (z.B. SAP_AUDITOR_BA_CFM → Menü Kaufmännisches Audit, Treasury).
- Rollen **mit** abschließendem „_A“ beinhalten die Transaktions- und Aktivitätsberechtigungen zu den Menüoberflächen (z.B. SAP_AUDITOR_BA_CFM_A → (Berechtigungen Kaufmännisches Audit, Treasury).

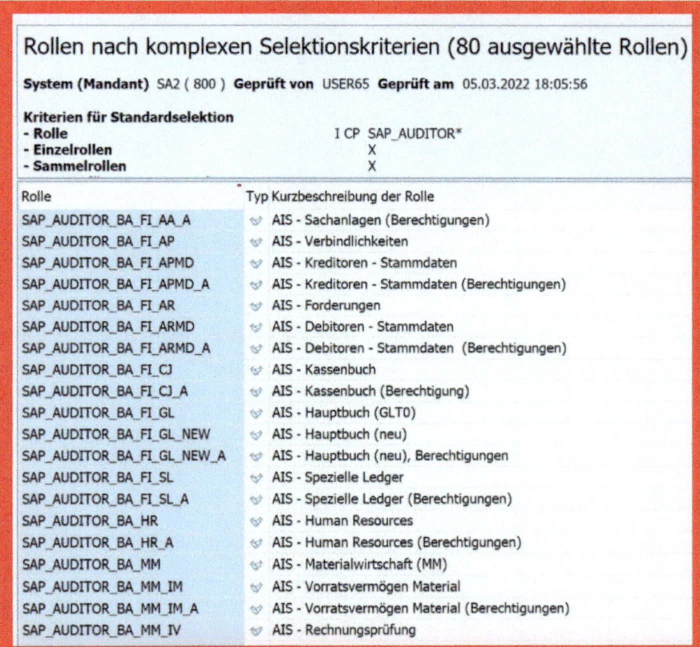

Rollen nach komplexen Selektionskriterien (80 ausgewählte Rollen)

System (Mandant) SA2 (800) **Geprüft von** USER65 **Geprüft am** 05.03.2022 18:05:56

Kriterien für Standardselektion
- Rolle I CP SAP_AUDITOR*
- Einzelrollen X
- Sammelrollen X

Rolle	Typ	Kurzbeschreibung der Rolle
SAP_AUDITOR_BA_FI_AA_A		AIS - Sachanlagen (Berechtigungen)
SAP_AUDITOR_BA_FI_AP		AIS - Verbindlichkeiten
SAP_AUDITOR_BA_FI_APMD		AIS - Kreditoren - Stammdaten
SAP_AUDITOR_BA_FI_APMD_A		AIS - Kreditoren - Stammdaten (Berechtigungen)
SAP_AUDITOR_BA_FI_AR		AIS - Forderungen
SAP_AUDITOR_BA_FI_ARMD		AIS - Debitoren - Stammdaten
SAP_AUDITOR_BA_FI_ARMD_A		AIS - Debitoren - Stammdaten (Berechtigungen)
SAP_AUDITOR_BA_FI_CJ		AIS - Kassenbuch
SAP_AUDITOR_BA_FI_CJ_A		AIS - Kassenbuch (Berechtigung)
SAP_AUDITOR_BA_FI_GL		AIS - Hauptbuch (GLT0)
SAP_AUDITOR_BA_FI_GL_NEW		AIS - Hauptbuch (neu)
SAP_AUDITOR_BA_FI_GL_NEW_A		AIS - Hauptbuch (neu), Berechtigungen
SAP_AUDITOR_BA_FI_SL		AIS - Spezielle Ledger
SAP_AUDITOR_BA_FI_SL_A		AIS - Spezielle Ledger (Berechtigungen)
SAP_AUDITOR_BA_HR		AIS - Human Resources
SAP_AUDITOR_BA_HR_A		AIS - Human Resources (Berechtigungen)
SAP_AUDITOR_BA_MM		AIS - Materialwirtschaft (MM)
SAP_AUDITOR_BA_MM_IM		AIS - Vorratsvermögen Material
SAP_AUDITOR_BA_MM_IM_A		AIS - Vorratsvermögen Material (Berechtigungen)
SAP_AUDITOR_BA_MM_IV		AIS - Rechnungsprüfung

Abb. 6.2 Standard-Prüferrollen im SAP-System, Auszug (© 2023, SAP SE)

Diese Rollen müssen durch die IT-Administration der Benutzerkennung des Prüfers zugewiesen werden. Häufig werden die Rollen hierzu vorher noch mit einem eigenen Namen in den Kundennamensraum transportiert. Dieser bezeichnet die von SAP vorgegebene Namenskonvention für sämtliche Eigenentwicklungen (wozu auch Berechtigungen gehören), der zufolge eigene Objekte in der Regel mit einem führenden „Y“ oder „Z“ beginnen.

Neben der Anlage der Benutzerkennung und Zuordnung der Zugriffsrechte ist eine Festlegung auf die benötigten Organisationsebenen erforderlich. Hiermit wird festgelegt, welche Buchungskreise eingesehen werden sollen. Diese müssen durch die IT-Administration in die Berechtigungsrollen eingepflegt werden (z.B. Buchungskreis, Konten- und Belegarten).

Über die oben aufgeführten Standardrollen hinaus sollte zusätzlich eine Berechtigung auf die beiden Transaktionen **SE16** – Tabellenpflege und **SA38** – Programmausführung erbeten werden. Hiermit ist der Aufruf von Daten auf Tabellenebene und der direkte Aufruf benötigter Programme möglich. Je nach Aufbau der Berechtigungskonzeption im Unternehmen besteht die Möglichkeit, die beiden Transaktionen auf Benutzergruppen oder bestimmte Aktivitäten einzuschränken. Grundsätzlich werden Berechtigungen für diese beiden Transaktionen durch die IT-Administration aufgrund ihrer Mächtigkeit und dem fehlenden Schutz vieler Tabellen und Programme im System nur sehr eingeschränkt vergeben.

Entsprechend achtsam sollte man daher bei der Ausführung der Transaktion SA38 sein, da hierüber neben dem Aufruf von Listen ebenso alle ungeschützten und (auch zum Schreiben berechtigenden) Programme ausgeführt werden können.

6.1.3 Benutzerspezifische Einrichtung

Neben der technischen Einrichtung sowie der Zuweisung von benötigten Zugriffsrechten hat jeder Benutzer die Möglichkeit, verschiedene Einstellungen seiner Arbeitsumgebung selbst vorzunehmen. Diese Anpassung betrifft u.a.

- das Design der Bildschirmoberfläche,
- die Festlegung verschiedener Voreinstellungen,
- die Änderung von Benutzerdaten,
- die Anpassung von Systemdaten (z.B. Datumsformat, Betragsformat etc.),
- Voreinstellung von Organisationsebenen etc. sowie das
- Festlegen von Arbeitsverzeichnissen.

Das Design der Bildschirmoberfläche kann über Mehr → SAP GUI – Einstellungen + Aktionen beeinflusst werden. Hier ist z.B. die Schriftgröße oder die Bildschirmfarbe einstellbar. Die Änderungen werden nach Neuanmeldung über den SAP GUI wirksam.

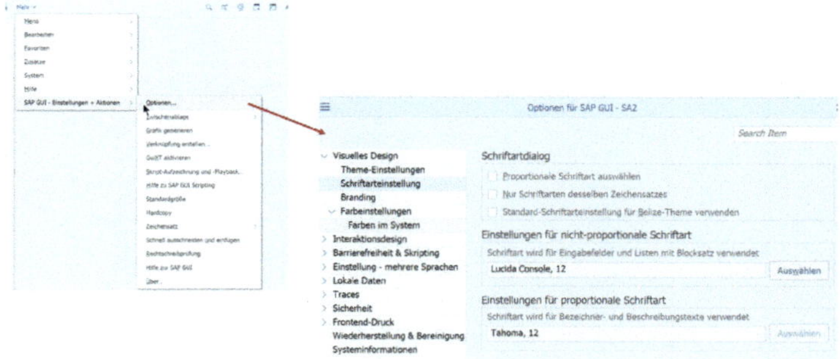

Abb. 6.3 Änderung der Bildschirmoberfläche (© 2023, SAP SE)

Über das Menü zu den Benutzervorgaben können weitere Einstellungen vorgenommen werden. Es können sowohl Benutzerdaten gepflegt als auch Einstellungen zur Datumsanzeige, zur Zeitzone und zum Betragsformat vorgenommen werden.

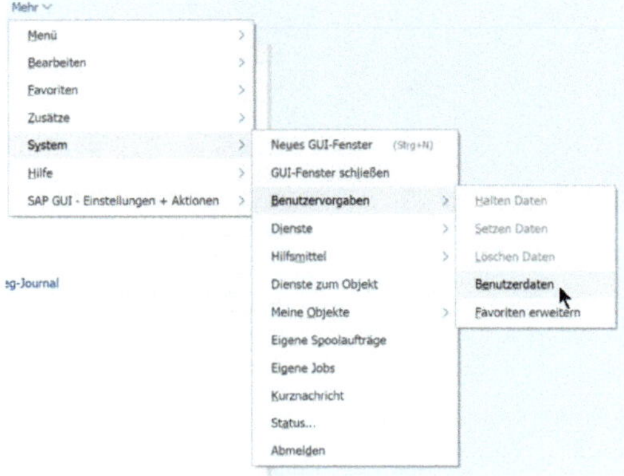

Abb. 6.4 Einstellung von Benutzerdaten (© 2023, SAP SE)

Im Reiter Parametereinstellungen können verschiedene Voreinstellungen hinterlegt werden. Die Voreinstellung von Organisationseinheiten bewirkt beispielsweise, dass bei Aufruf von Funktionen, Reports, Tabellen etc. das entsprechende Feld bereits mit den hinterlegten Werten ausgefüllt ist.

Hierüber kann zudem der Startbildschirm oder das Upload- und Download-Verzeichnis eingestellt werden. Dabei wird automatisch der Ablagepfad für alle Exporte von Daten oder Listen hinterlegt.

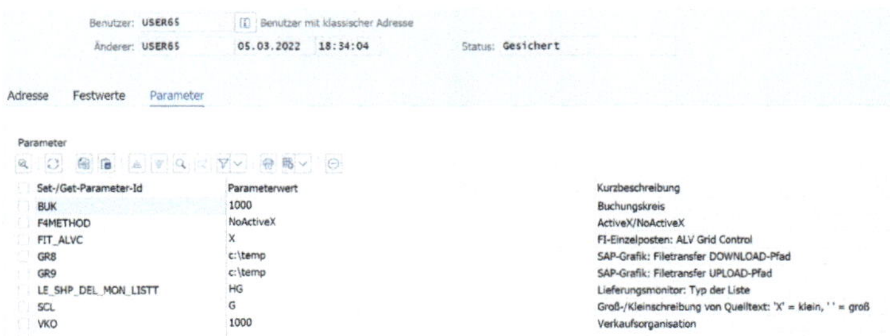

Abb. 6.5 Einrichten von Benutzerparametern (© 2023, SAP SE)

In der Regel lohnt es sich erst dann, diese Einstellungen vorzunehmen, wenn absehbar ist, dass man über einen längeren Zeitraum in einem System tätig ist.

Praxistipp:
In der Regel ist bei der Anzeige von Tabellen oder sonstigen Listen eine Anzeigegröße von 500 oder 1.000 Zeilen voreingestellt. Diese Voreinstellungen für die Tabellen oder die Ergebnisanzeige lassen sich nicht in den allgemeinen Benutzereinstellungen vornehmen, sondern finden sich direkt im Tabellen-Menü. Das gilt auch für die Ausgabebreite und für die Listendarstellung.

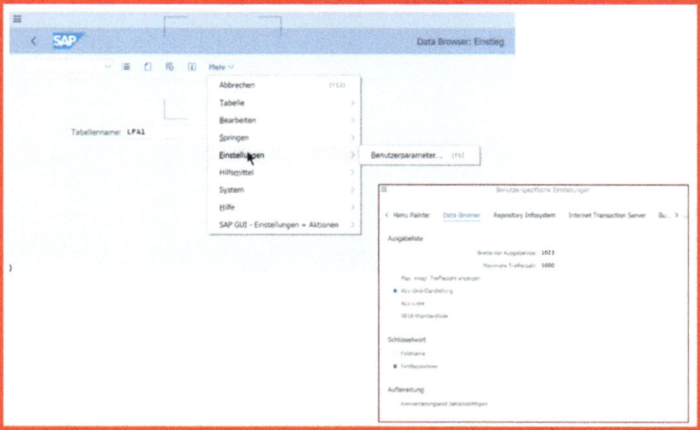

Abb. 6.6 Einrichten von Benutzerparametern für Tabellenansicht (© 2023, SAP SE)

6.2 Arbeiten mit Favoriten

Das Arbeiten mit Favoriten kann die Arbeit erheblich erleichtern; vergleichbar mit einem Internetbrowser können auch im SAP-System Favoriten angelegt und dort z.B. häufig benutzte Transaktionen oder Auswertungen abgelegt werden. Darüber hinaus bietet die Favoritenfunktion in einem SAP-System diverse weitere Möglichkeiten:

- Anlage eigener Menüoberflächen innerhalb des Bereiches „Favoriten“
- Anlage von Ordern
- Einfügen von Transaktionen und Reports
- Einfügen von URLs
- Einfügen von Dokumenten

Praxistipp:
Die Favoritenverwaltung erfolgt am einfachsten über den Menüpunkt „Favoriten“. Dieser bietet die Möglichkeit, eigene Ordnerstrukturen anzulegen und hierunter verschiedene Transaktionen oder Auswertungen zu einem Prüffeld abzulegen.

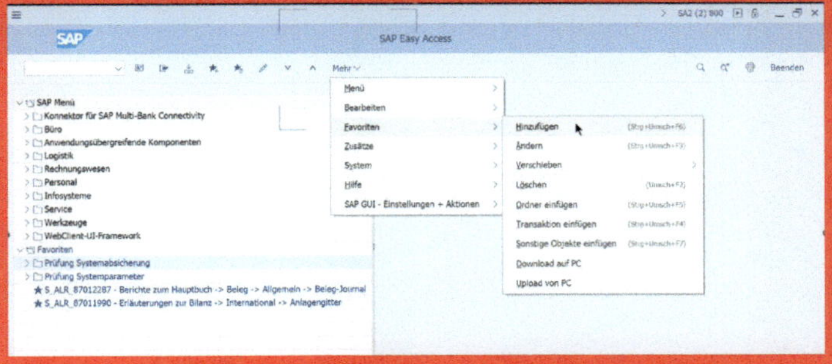

Abb. 6.7 Arbeiten mit dem Favoritenmenü (© 2023, SAP SE)

Zum Hinzufügen einer Funktion (Transaktion oder Report) in das Favoritenmenü gibt es verschiedene Möglichkeiten:

- Bei Auswahl einer Funktion aus dem Fachmenü (z.B. Kreditoreneinzelpostenliste) kann diese Funktion mit einem einfachen Klick und der gehaltenen Maustaste in den gewünschten Favoritenbereich gezogen werden.

- Alternativ kann man mit einem Klick der rechten Maustaste auf die gewünschte Funktion die Option „Zu den Favoriten hinzufügen" auswählen.
- Nach einfachem Mausklick auf eine Funktion kann man durch Auswahl des Punkts „Hinzufügen" im Menü „Favoriten" ebenfalls eine Funktion in den Favoritenbereich bewegen.

Innerhalb des Favoritenbereichs können die einzelnen hinterlegten Funktionen problemlos durch Ziehen in Unterordner verschoben werden.

Möchte man den Favoriten eine Transaktion hinzufügen, erfolgt das über das im obigen Beispiel aufgeführte Menü, den Punkt „Transaktion einfügen" und die darauffolgende Eingabeaufforderung für die Transaktionsbezeichnung.

Um einem Favoriten eine sprechende Bezeichnung oder weitere Hinweise mitzugeben, kann mit Rechtsklick über dem entsprechenden Favoriten im dann erscheinenden Menü der Eintrag „Favoriten ändern" ausgewählt und der Text geändert werden.

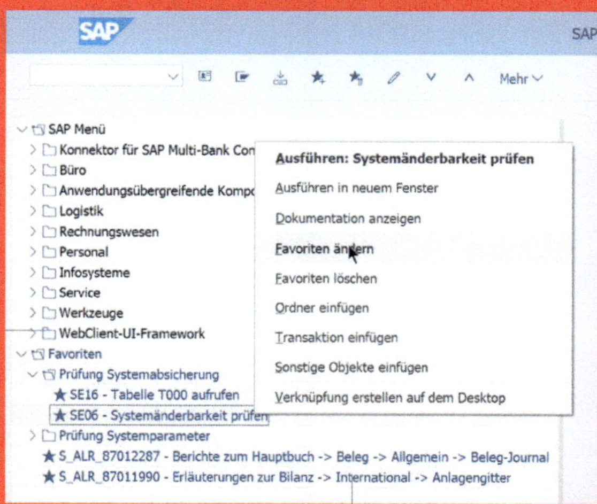

Abb. 6.8 Ändern von Favoritenbezeichnungen (© 2023, SAP SE)

Auf diese Weise kann sich ein Prüfer sukzessive Checklisten für verschiedene Prüffelder in Form eines Menüs erarbeiten.

In die Favoritenstruktur mit Transaktionen und Auswertungen können auch Links zu Dokumenten oder Webseiten eingefügt werden. Im Menü „Favoriten“ bietet hierzu der Auswahlpunkt „Sonstige Objekte einfügen“ diverse Objekte zur Auswahl an.

Die Voraussetzung zum Funktionieren der eingefügten Links ist ein Internetanschluss bzw. das Vorliegen des verlinkten Dokuments in dem angegebenen Unterverzeichnis.

Die Einbindung von Objekten eignet sich vor allem dazu, an dieser Stelle Arbeitspapiere, Checklisten oder Links zu Internetseiten mit Informationen einzubinden.

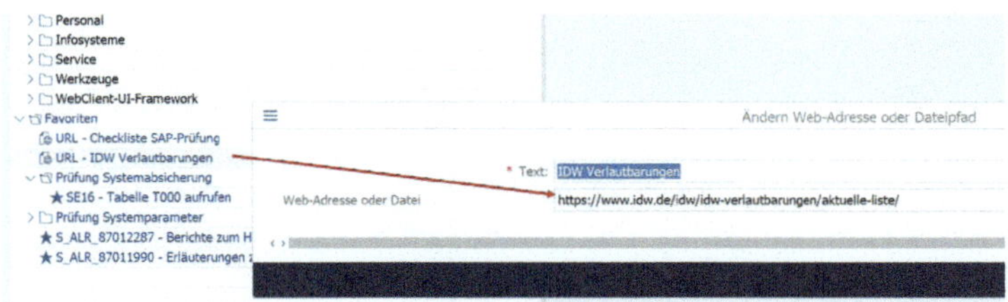

Abb. 6.9 Einbinden von Webseiten und Dokumenten (© 2023, SAP SE)

Hinweis:
Eine wesentliche Eigenschaft der Favoriten ist, dass die einmal erstellten Menüs aus einem System exportiert und in ein anderes System importiert werden können.

Vorteilhaft wäre es beispielsweise, wenn sich ein Prüfer in Ruhe und außerhalb der angespannten Prüfungszeit hinsichtlich der durch ihn geprüften Fragestellungen in einem beliebigen SAP-System sukzessive ein Menü erarbeiten und aufbauen könnte. Dieses ließe sich dann auf einen USB-Stick, ein Share-Verzeichnis oder den eigenen Rechner exportieren und im System eines oder mehrerer Mandanten wieder importieren. Hierzu stehen im Favoritenbereich die Funktionen „Upload auf PC“ und „Download von PC“ zur Verfügung.

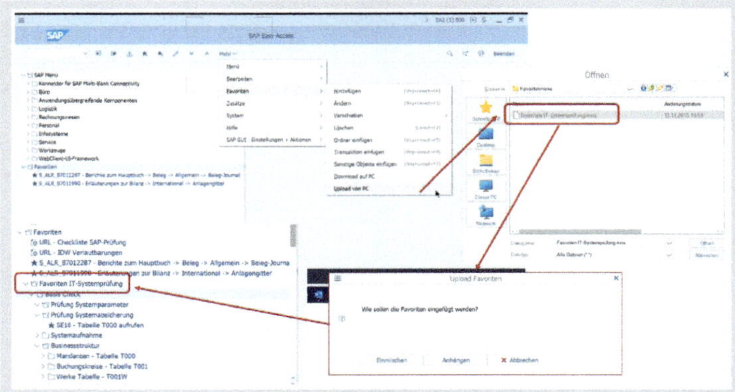

Abb. 6.10 Import von Favoriten vom USB-Stick oder PC (© 2023, SAP SE)

Zur flexiblen Nutzung der Favoriten über mehrere Mandanten hinweg ist es wichtig, dass innerhalb des Menüs bei der Benennung von Ordnern oder Funktionen neutrale Bezeichnungen und keine Beschreibungen verwendet werden, die auf einen Mandanten hindeuten.

Diese Flexibilität im Einsatz der Favoriten und die Export- und Importmöglichkeit ermöglichen es, dass mehrere Prüfer einer Kanzlei die gleichen Prüfungsschritte durchführen können, und erleichtern auch ungeübten Prüfern das strukturierte Vorgehen im Rahmen einer SAP-Prüfung.

6.3 Auswertungen anpassen und mehrfach verwenden

6.3.1 Freie Abgrenzungen

In den vergangenen Kapiteln wurde häufig im Rahmen von Auswertungsmöglichkeiten auf den Einsatz der freien Abgrenzungen hingewiesen. Diese sollen im Folgenden näher erläutert werden.

Häufig reicht der Auswahlbildschirm beim Aufruf von Programmen nicht aus, um spezifische Abfragen ausreichend detailliert abgrenzen zu können.

Beispiel

Differenzierte Fragestellungen, die bereits in den vergangenen Kapiteln angesprochen wurden, wären beispielsweise

- die Einschränkung der Ergebnisse einer Einzelpostenliste auf stornierte Eingangsrechnungen, d.h. Belege mit dem Soll-/Haben-Kennzeichen S,
- die Ausgabe aller Belege, die ein Belegdatum vor einem festgelegten Stichtag haben,
- die Anzeige von Belegen, deren Betrag über einer festgelegten Betragsgrenze liegt,
- die Auswahl von manuell gebuchten Eingangsrechnungen mit der Belegart RE
- und viele weitere Beispiele.

Über die Standard-Selektionsfelder der Programme können solche zusätzlichen Fragestellungen häufig nicht ausreichend abgebildet werden. Hierzu ist die Einbindung der sogenannten **Freien Abgrenzungen** notwendig. Diese können Standardberichte oder selbstprogrammierte Berichte um Selektionsfelder ergänzen, die nicht im Standardselektionsbild der logischen Datenbank enthalten sind.

Freie Abgrenzungen lassen sich bei Aufruf eines Berichts entweder über die Befehlsfolge Mehr → Bearbeiten → Freie Abgrenzungen oder über das entsprechende Symbol in der Symbolleiste aufrufen.

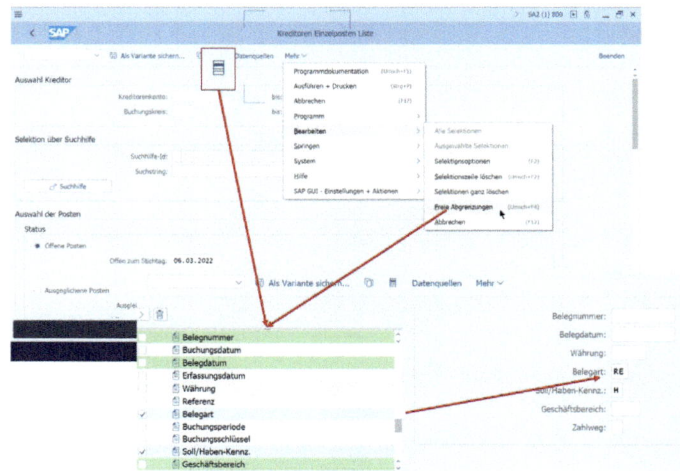

Abb. 6.11 Aufruf freier Abgrenzungen (© 2023, SAP SE)

Hinweis:

Bei der Erweiterung von Abfragen über die Freien Abgrenzungen ist zu berücksichtigen, dass lediglich Zusatzinformationen aus denjenigen Datenfeldern eingebunden werden können, zu denen im Report auch die entsprechenden Tabellen herangezogen werden.

In einer Debitoreneinzelpostenliste sind beispielsweise keine zusätzlichen Informationen zu Artikelnummern einzelner Positionen der Ausgangsrechnungen erhältlich, da diese Informationen in den abgefragten Tabellen nicht vorhanden sind. Bei Aufruf der Debitoreneinzelpostenliste sind die Tabellen für den Kundenstamm, die Buchungskreisdaten sowie der Belegkopf und die Belegposition beteiligt. Informationen zu Artikeln einer Ausgangsrechnung sind hierin standardmäßig nicht enthalten, sondern finden sich im Fakturabeleg des Vertriebs.

Welche Felder zusätzlich für die Selektion eingeblendet werden können, ist dem linken Teil des Abgrenzungsfensters zu entnehmen. Hier sind die eingebundenen Tabellen sowie die darin vorhandenen Felder abgebildet. In dieser Ansicht hellgrün hinterlegte Felder sind bereits im rechten Selektionsfenster enthalten. Werden weitere Felder benötigt, können diese durch Doppelklick auf den Feldnamen oder den kleinen Pfeil oberhalb der angebotenen Felder ebenfalls ins rechte Selektionsfenster eingebunden werden. Bereits eingebundene Felder können durch Doppelklick auf den Feldnamen auch wieder aus dem Selektionsfenster entfernt werden.

Neben der Erweiterung der Selektionsmöglichkeiten durch Einblenden weiterer Selektionsfelder gibt es für die Feldwerte ebenfalls erweiterte Selektionsmöglichkeiten. Hierzu können über die Pfeiltaste hinter dem Eingabefeld die Selektionsoptionen aufgerufen werden.

Beispiel

Die in obigem Beispiel aufgeführten Fragestellungen können durch diese zusätzlichen Selektionsoptionen erheblich erweitert werden. Sie ermöglichen beispielsweise folgende Abfragen:

- Anzeige aller Belege mit einem Betrag zwischen 1.000 und 10.000 EUR,
- Aufruf aller Eingangsrechnungen ohne die manuell erfassten Rechnungen mit der Belegart KR,
- Anzeige aller Belege mit den Belegarten KR, KG, RE und RG,
- Anzeige aller Fakturen mit einem Rechnungsausgangsdatum zwischen dem 31.12.2022 und dem 31.01.2023
- sowie diverse weitere differenzierte Fragestellungen.

Mithilfe der Selektionsoptionen können Feldwerte sowie Wertintervalle ein- oder ausgeschlossen werden. Darüber hinaus sind hierzu auch Eingrenzungen auf die Werte größer, kleiner, ungleich oder gleich einem Vergleichswert möglich.

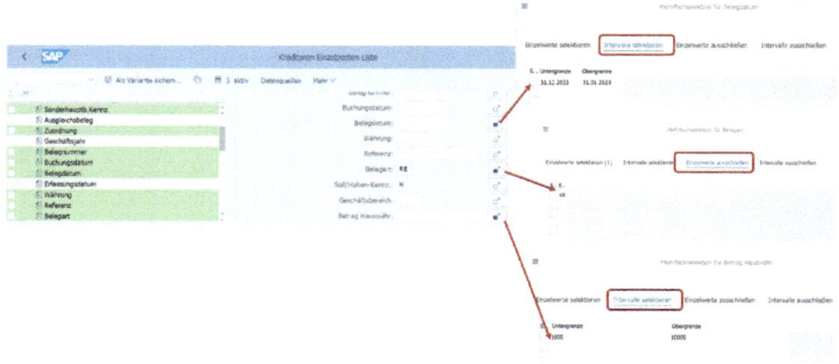

Abb. 6.12 Pflege von Selektionsoptionen (© 2023, SAP SE)

6.3.2 Einsatz von Varianten

Für regelmäßig wiederkehrende Fragestellungen und hierauf bezogene erstellte Auswertungen bietet es sich an, diese so abzuspeichern, dass sie – gegebenenfalls auch mit geringfügigen Änderungen – erneut eingesetzt werden können. Hierzu bietet SAP die Möglichkeit, einmal erstellte Auswertungen als Variante abzulegen.

Neben dem Vorteil, dass die Verwendung einer einmal angelegten Variante die erneute Eingabe der Selektionskriterien erspart, kann der Einsatz von Varianten vor allem bei regelmäßig ausgeführten Auswertungen sicherstellen, dass aufgrund fest hinterlegter Werte vergleichbare Ergebnisse erzielt werden.

Das Vorgehen zum Erstellen einer Variante ist vergleichsweise einfach und erfordert keinen Programmieraufwand. Wurde ein Bericht aufgerufen und mithilfe der Eingabe von Feldwerten und ggf. unter Einsatz der freien Abgrenzungen so weit modifiziert, dass er die gewünschten Ergebnisse bringt, können diese Einstellungen durch den Aufruf des Menüs Mehr → Springen → Varianten → Als Variante sichern oder über das Diskettensymbol am oberen Bildschirmrand gesichert werden.

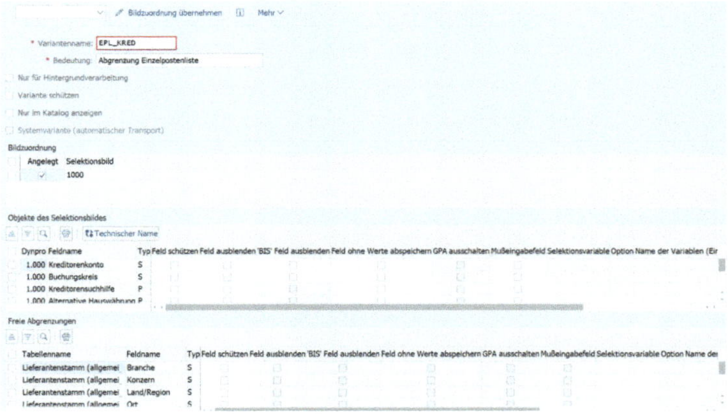

Abb. 6.13 Erstellung einer Variante (© 2023, SAP SE)

Darüber hinaus kann jetzt festgelegt werden ob

- die Variante nur im Hintergrund starten darf (d.h., sie kann nicht mehr online aufgerufen werden),
- die Variante durch Benutzer abgeändert werden darf oder nur noch durch den Ersteller,
- einzelne Felder gegen Überschreiben geschützt werden sollen (d.h., vorgefüllte Felder können durch den Aufrufenden nicht verändert werden) oder
- einzelne Felder für die weitere Auswahl gar nicht angezeigt werden, obwohl das dort hinterlegte Kriterium weiterhin die Auswertung steuert.

Diese Festlegungen werden für die in der Auswertung angezeigten Felder sowie die Felder der freien Abgrenzungen angeboten.

Nach Abspeichern der Variante lässt sich diese jederzeit wieder aufrufen. Nach Aufruf der entsprechenden Auswertung, für die die Variante erstellt wurde, kann diese über den Aufruf des Menüs Mehr → Springen → Varianten → Holen oder das zugehörige Symbol in der Symbolleiste ausgewählt werden. Im Anschluss wird die Auswertung gestartet.

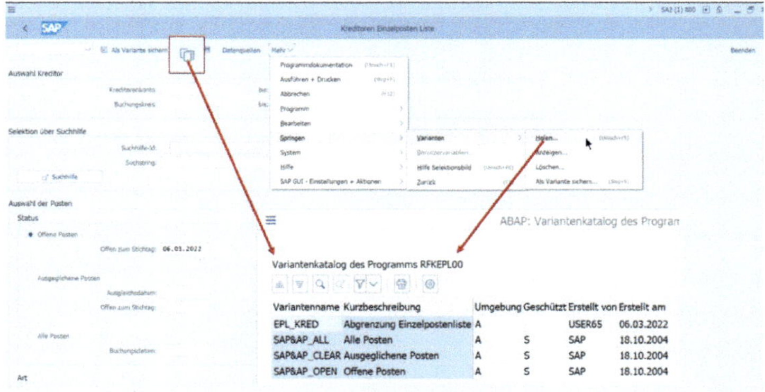

Abb. 6.14 Aufruf einer Variante (© 2023, SAP SE)

Hinweis:

Vereinfachen Varianten einerseits die Auswertungsmöglichkeiten eines Systems erheblich, so gibt es andererseits verschiedene Einschränkungen, die Benutzer bei deren Verwendung berücksichtigen müssen:

- Varianten sind jeweils an die Auswertung gebunden, für die sie erstellt wurden. D.h., eine Variante für die Debitoreneinzelpostenliste kann nicht in Verbindung mit einer Kreditoreneinzelpostenliste aufgerufen werden.
- Für die Erstellung von Varianten sind spezifische Benutzerrechte erforderlich. Diese sind in den Standardprüferrollen von SAP zwar bereits enthalten, müssen aber bei abweichenden Berechtigungen ggf. zusätzlich angefordert werden.
- Wird eine Auswertung, für die eine Variante erstellt wurde, zu den Favoriten hinzugefügt, ist die Variante nicht darin enthalten, d.h., sie muss weiterhin zusätzlich aufgerufen werden.
- Hieraus resultiert, dass Varianten bei einem Export der Favoriten aus dem einen in ein anderes Mandantensystem nicht mit übergeben werden. Sie sind im neuen Mandantensystem erneut anzulegen.

6.4 Export von Daten aus Berichten und Tabellen

Neben der Sichtung und Auswertung von Daten innerhalb des SAP-Systems besteht häufig die Notwendigkeit, diese Daten auch aus dem System zu exportieren, um hierüber Ergebnisse zu dokumentieren oder die Daten in einer Prüfsoftware weiteren Prüfschritten zu unterziehen.

Zum Export der Daten bietet das SAP-System in Abhängigkeit von den eingesetzten Reports und Tabellen verschiedene Möglichkeiten an. Teilweise sind die Exportmöglichkeiten an sehr unterschiedlichen Stellen „versteckt".

6.4.1 Export aus interaktiven Listen

Viele Standardreports liegen zwischenzeitlich als sogenannte **interaktive Liste** vor. Diese unterscheidet sich von den älteren SAP-Listen und bietet neben diversen Möglichkeiten der Layout-Gestaltung auch weitreichende Möglichkeiten zum Export an. Ob es sich um eine interaktive Liste handelt, ist an der Symbolleiste erkennbar.

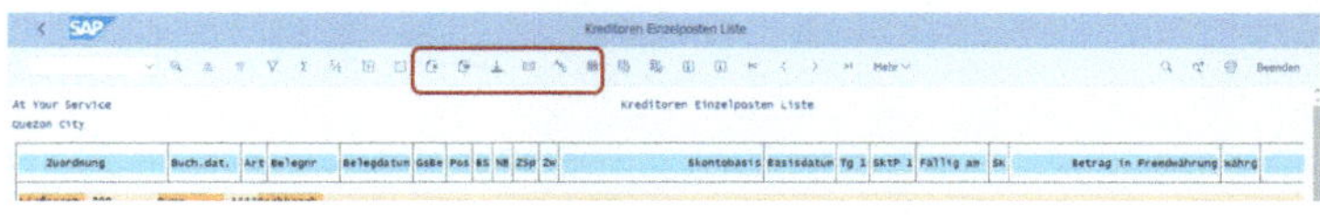

Abb. 6.15 Sicht auf eine interaktive Liste (© 2023, SAP SE)

Werden die in der Abbildung markierten Symbole angezeigt, ist ein Export nach Excel, nach Word oder als Datei möglich. Voraussetzung hierfür ist, dass diese Programme auf dem Prüfer-Rechner installiert sind. Wird aus einer aufgerufenen Liste heraus beispielsweise der Export nach Microsoft Excel ausgewählt, fordert SAP die Eingabe eines Dateinamens, unter dem das Ergebnis gespeichert werden soll. Im Anschluss werden die Daten direkt in Excel angezeigt.

In dem oben aufgeführten Beispiel der Kreditoreneinzelpostenliste werden in der erzeugten Excel-Datei neben den Belegpositionen für jeden Kreditor die entsprechenden Summenzeilen angezeigt. Bei genauer Betrachtung des Ergebnisses ist feststellbar, dass ausschließlich die Belegzeilen ohne die Informationen des Belegkopfs angezeigt werden. Mit diesem Ergebnis kann der Prüfer in der Regel nicht weiterarbeiten, da die Positionen hierdurch keinem Stammsatz zuordenbar sind.

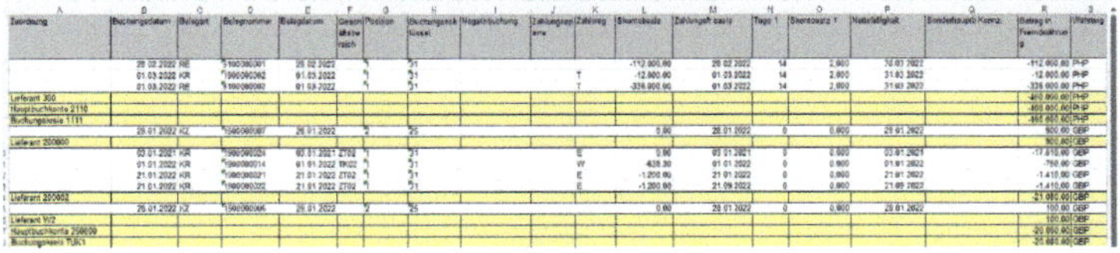

Abb. 6.16 Ergebnis eines Excel-Exports aus der Kreditoreneinzelpostenliste (© 2023, SAP SE)

Vor dem Export der Daten ist daher häufig eine Bearbeitung des Layouts erforderlich, um weitere Daten (hier z.B. aus dem Belegkopf) ebenfalls in den Positionen einzublenden. Die Layout-Bearbeitung ist über das entsprechende Symbol in der Symbolleiste möglich und hierüber kann festgelegt werden, welche Felder zusätzlich in die Belegzeile übernommen werden sollen.

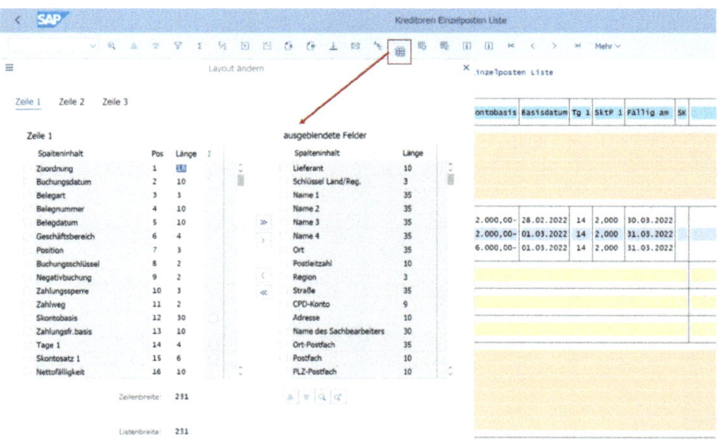

Abb. 6.17 Anpassung des Layouts (© 2023, SAP SE)

Eine gleichwertige Form des Downloads stellt die Möglichkeit über das Menü Mehr → Liste → Exportieren → Tabellenkalkulation (oder Textverarbeitung) oder auch Mehr → System → Liste → Sichern → Sichern → Unkonvertiert dar. Im zweiten Fall wird der Export in ein Tabellenkalkulationsformat nicht angeboten.

Wie schon erwähnt, werden Exportmöglichkeiten in den verschiedensten Pfaden des Menüs angeboten und die Form des Downloads zieht sich nicht konsistent durch das gesamte SAP-System. Es können durchaus Auswertungen vorliegen, die diesen Menüpfad nicht anbieten.

6.4.2 Export der Daten aus nicht interaktiven (alten) Listen

Eine Vielzahl der regelmäßig im SAP-System genutzten Auswertungsprogramme ist bereits auf die interaktive Fassung umgestellt, in der sowohl das Layout verändert werden als auch ein direkter Export in Office-Produkte erfolgen kann.

Es gibt jedoch noch diverse Auswertungen (z.B. die Altersstrukturliste in Kapitel 3.3.4), in denen keine Layout-Änderung und kein komfortabler Export möglich ist. In diesen Fällen sind die Exportmöglichkeiten begrenzt. Über den Pfad Mehr → Liste → Sichern/Senden werden drei Möglichkeiten angeboten. Die erste Möglichkeit „Office“ suggeriert, dass es sich um den Export in ein Microsoft-Office-Produkt handelt. Allerdings beinhaltet diese Option lediglich verschiedene Versandmöglichkeiten der Daten.

Lediglich die Auswahl „Datei“ bietet die Möglichkeit, die Daten in verschiedenen Formaten aus dem System zu extrahieren.

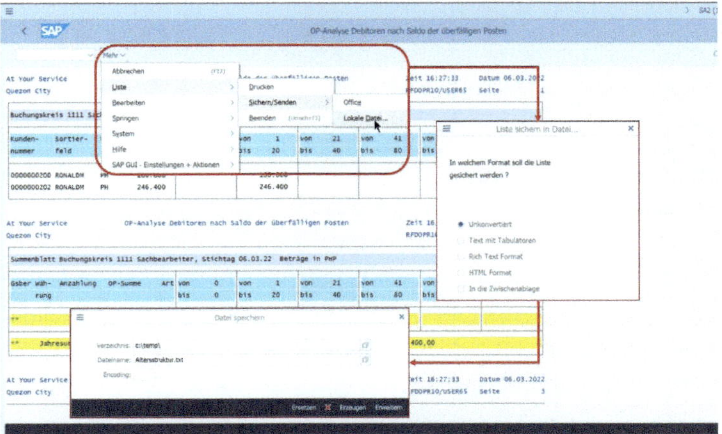

Abb. 6.18 Datenexport bei nicht interaktiven Listen (© 2023, SAP SE)

Das hierbei angebotene Format „unkonvertiert“ erzeugt die Daten in Listenform. Diese Form lässt sich beispielsweise unter Ausschluss der

Kopfzeilen gut in Prüfsoftware übernehmen. Die Feldformate müssen jedoch noch definiert werden.

```
Altersstruktur.txt - Editor
Datei   Bearbeiten   Ansicht

At Your Service          OP-Analyse Debitoren nach Saldo der überfälligen Posten          Zeit 16:27:33    Datum 06.03.2022
Quezon City                                                                               RFDOPR10/USER65  Seite           1
--------------------------------------------------------------------------------------------------------------------------------
|Buchungskreis 1111 Sachbearbeiter, Stichtag 06.03.22  Beträge in PHP                                                          |
--------------------------------------------------------------------------------------------------------------------------------
|Kunden-    Sortier-  Land OP-Summe   |von      0  |von      1  |von     21  |von     41  |von     81  |von    101  |
|nummer     feld                      |bis      0  |bis     20  |bis     40  |bis     80  |bis    100  |            |
--------------------------------------------------------------------------------------------------------------------------------
|0000000200 RONALDM   PH     160.000  |            |   160.000  |            |            |            |            |
|0000000202 RONALDM   PH     246.400  |            |   246.400  |            |            |            |            |
--------------------------------------------------------------------------------------------------------------------------------
At Your Service          OP-Analyse Debitoren nach Saldo der überfälligen Posten          Zeit 16:27:33    Datum 06.03.2022
Quezon City                                                                               RFDOPR10/USER65  Seite           2
--------------------------------------------------------------------------------------------------------------------------------
|Summenblatt Buchungskreis 1111 Sachbearbeiter, Stichtag 06.03.22  Beträge in PHP                                              |
--------------------------------------------------------------------------------------------------------------------------------
|Gsber Wäh-  Anzahlung   OP-Summe    Art|von      0  |von      1  |von     21  |von     41  |von     81  |von    101  |
|      rung                              |bis      0  |bis     20  |bis     40  |bis     80  |bis    100  |            |
--------------------------------------------------------------------------------------------------------------------------------
|**                  0    406.400   Ueb|            |   406.400  |            |            |            |            |
--------------------------------------------------------------------------------------------------------------------------------
|**     Jahresumsatz in HW:                                                        406.400,00                                |
--------------------------------------------------------------------------------------------------------------------------------
At Your Service          OP-Analyse Debitoren nach Saldo der überfälligen Posten          Zeit 16:27:33    Datum 06.03.2022
Quezon City                                                                               RFDOPR10/USER65  Seite           3
--------------------------------------------------------------------------------------------------------------------------------
|Summenblatt Buchungskreis 1111, Stichtag 06.03.22  Beträge in PHP                                                             |
--------------------------------------------------------------------------------------------------------------------------------
|Gsber Wäh-  Anzahlung   OP-Summe    Art|von      0  |von      1  |von     21  |von     41  |von     81  |von    101  |
|      rung                              |bis      0  |bis     20  |bis     40  |bis     80  |bis    100  |            |
--------------------------------------------------------------------------------------------------------------------------------
|**                  0    406.400   Ueb|            |   406.400  |            |            |            |            |
--------------------------------------------------------------------------------------------------------------------------------
|**     Jahresumsatz in HW:                                                        406.400,00                                |
--------------------------------------------------------------------------------------------------------------------------------
DE10                  OP-Analyse Debitoren nach Saldo der überfälligen Posten             Zeit 16:27:33    Datum 06.03.2022
Germany                                                                                   RFDOPR10/USER65  Seite           4
--------------------------------------------------------------------------------------------------------------------------------
|Summenblatt Buchungskreis DE10 Sachbearbeiter, Stichtag 06.03.22  Beträge in EUR                                              |
--------------------------------------------------------------------------------------------------------------------------------
|Gsber Wäh-  Anzahlung   OP-Summe    Art|von      0  |von      1  |von     21  |von     41  |von     81  |von    101  |
|      rung                              |bis      0  |bis     20  |bis     40  |bis     80  |bis    100  |            |
--------------------------------------------------------------------------------------------------------------------------------
|**     Jahresumsatz in HW:                                                     16.414.425,00                                |
--------------------------------------------------------------------------------------------------------------------------------
DE10                  OP-Analyse Debitoren nach Saldo der überfälligen Posten             Zeit 16:27:33    Datum 06.03.2022
Germany                                                                                   RFDOPR10/USER65  Seite           5
--------------------------------------------------------------------------------------------------------------------------------
```

Abb. 6.19 Datenexport in ein unkonvertiertes Datenformat (© 2023, SAP SE)

Die sonstigen angebotenen Extraktionsoptionen bieten keine Datenformate an, die dem Prüfer eine leichte Auswertung ermöglichen, sodass sich die Variante der „unkonvertierten“ Dateiausgabe am besten für die Weiterbearbeitung in Prüfsoftware eignet.

Gelegentlich lohnt sich dennoch ein Blick durch alle Menüs, ob nicht eines hiervon doch einen entsprechenden Export im Tabellenkalkulationsformat anbieten.

6.4.3 Export von Daten aus Tabellen

Der Export von Daten aus Tabellen ist über mehrere Wege möglich. Wesentlich hierfür ist die Ausgabedarstellung der Tabelle auf dem Bildschirm. Die Ausgabe einer Tabelle kann über die Menüfolge Mehr → Einstellungen → Benutzerparameter gesteuert werden. Hierauf haben wir bereits in Kapitel 6.1.3 hingewiesen.

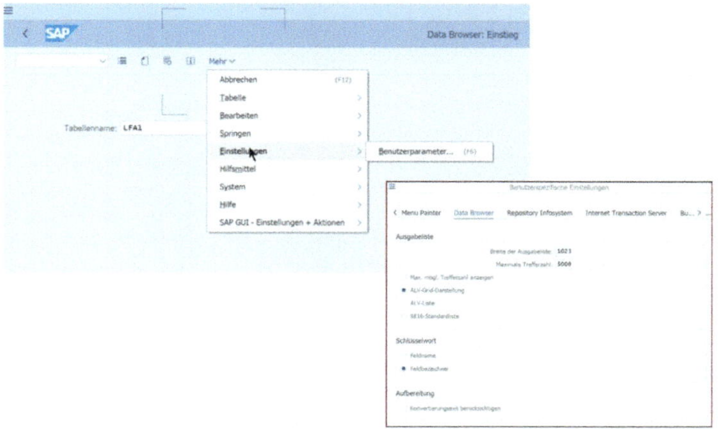

Abb. 6.20 Darstellungsoptionen für die Ausgabe von Tabellen (© 2023, SAP SE)

Bei Auswahl der Option **SE16-Standardliste** bietet die dargestellte Bildschirmausgabe nur wenige Möglichkeiten zur weiteren Bearbeitung der Ansicht sowie zur Ausgabe der Daten in ein leicht weiter zu verarbeitendes externes Format. Auch hier besteht lediglich die Möglichkeit, die Daten wie im vorangegangenen Kapitel dargestellt über den Menüpfad System → Liste → Sichern → [...] zu exportieren.

Eine bessere Darstellung am Bildschirm und zum Export der Daten bietet sich über die Ansichtsoption **ALV-Grid-Darstellung.** Hier bietet sich dann – vergleichbar mit den interaktiven Listen – die Möglichkeit, die Daten über den bekannten Button in der Symbolleiste direkt in ein Excel-Format zu exportieren.

Alternativ ist der Export aus Tabellen auch über die Menüfolge Mehr → Tabelleneintrag → Liste → Exportieren → Textverarbeitung/Tabellenkalkulation/Lokale Datei möglich.

Stichwortverzeichnis